作曲の科学

美しい音楽を生み出す「理論」と「法則」

フランソワ・デュボワ　著

井上喜惟　監修

木村　彩　訳

本書の内容をより理解していただくために、
音源等を掲載した特設サイトを開設しました。
下記のQRコードを読み取ってアクセスしてください。

QRコードが読み取れない場合には、下記のサイトにアクセスしてください。
http://bluebacks.kodansha.co.jp/books/9784065172827/appendix/

(QRコードは㈱デンソーウェーブの登録商標です)

- ●カバー装幀／芦澤泰偉・児崎雅淑
- ●カバーオブジェ制作／たなか鮎子
- ●本文デザイン・図版制作／鈴木知哉＋あざみ野図案室

はじめに

「作曲とは数学である」——音楽家たちは、曲作りをこうなぞらえます。

「えっ！ 芸術は"感性"に基づいて創造されるんじゃないの？ 理詰めの数学なんて、いちばん縁遠いイメージなんだけど……？」

そんな声が聞こえてきそうですね。確かに、絵画などの他の芸術と同じように、音楽においてもインスピレーションが最も重要です。でも、インスピレーションを受けてアイデアを思いついたあと、それを楽曲として譜面に書き記す際には、"数学"が必要不可欠なのです。

どういうことでしょうか？

「不協和音」という言葉は、みなさんご存じだと思います。複数の音の組み合わせのうち、美しい響きをもたらすものを「協和音」といいますが、それとはまったく反対に、ある種の音の組み合わせによって生じる"耳障りな響き"のことです。

協和音と不協和音の違いは、なぜ生じるのか？

じつは、音の組み合わせ方には、響きの良し悪しを決める「理論」と「法則」があるのです。意外に思われるかもしれませんが、美しいメロディを生み出すための、音の"足し算"や"かけ算"が存在します。そして、その計算のルールを知らなければ、決して美しい楽曲を作ることはできません。

作曲家が譜面に何をどう記し、そのときどのようなことを考えているのか？ 曲作りの「しくみ」と「原理」を、音楽

の理論的な知識をまったくもたない人にも理解していただけるよう、本書は書かれました。

ご挨拶が遅れました。私は、フランス出身の音楽家です。打楽器の一種である「マリンバ」のソリストとして活動するかたわら、10代から作曲に取り組んできました。

パリ国立高等音楽院をはじめとするフランスの音楽専門学校で教育を受け、ヨーロッパの音楽界で生きてきた私に転機が訪れたのは、1998年のことでした。

慶應義塾大学から、「音楽を専攻していない学生たちに作曲法を教えてほしい」という依頼を受けたのです。故郷から遠く離れた、まったく言葉の通じない異国での作曲指導はチャレンジングで、大いに刺激になる体験でした。

本書では、来日して初めて知った日本の歌謡曲や童謡に関する作曲理論についてもご紹介します。また、当時の授業で学生たちに好評だった、ちょっと普通とは異なる独自の作曲法も盛り込んでいますので、どうぞお楽しみに。

さて、美しいメロディを生み出すための"足し算"や"かけ算"を知ることに加えて、作曲にはもう一つ、どうしても欠かすことのできない重要な要素があります。

それは、「楽器の個性」を知ることです。ピアノやギター、フルートやオーボエ、そして私の愛してやまないマリンバなど、さまざまな楽器にはそれぞれ得意な音域があり、出せる音の響きにも個々に異なる特徴があります。

楽器の個性を知ることは、曲作りのバリエーションを豊富にすることであり、外国語の勉強でいえば、"語彙"(ボキャブラリー)を増やすことに相当するのです。

本書の構成をご説明しましょう。

| はじめに |

　第1楽章では、作曲技術を向上させた立て役者である「楽譜」の誕生と進化の歴史をたどりながら、数学としての音楽の基礎である「足し算」について紹介します。五線譜や音符に苦手意識のある人でも読み進められるよう、基本の"き"から説明してありますので、どうぞご安心を。

　第2楽章は、楽曲の魅力を倍増させるための「かけ算」について紹介します。この章では、ユーミンこと松任谷由実さんの代表曲と、日本の伝統的な童謡との意外な共通点が明らかになりますよ。

　第3楽章は、私自身のさまざまな音楽体験を交えつつ、「楽器の個性」について語り、最終第4楽章では、本書のために新たに書き下ろした3曲を例に、プロの作曲家が楽曲に込める意図や、それを実現するためのテクニックについてご紹介します。

　各章の理解を助けるために、特設サイト（http://bluebacks.kodansha.co.jp/books/9784065172827/appendix/）を用意しました。♪のついた箇所の音源をお聴きいただけますので、本書を片手にぜひご活用ください。

　また、本書の刊行に合わせて制作した新アルバム『Gunung Kawi』も同サイトからお聴きいただけます。

　作曲はかつて、ピアノやギターなどに習熟した人たちのための"特別な芸術"でした。でも今は、パソコンやスマートフォンのアプリでもかんたんに体験できる、身近なアートになっています。

　何気なく口ずさんだ曲を気軽に譜面にして楽しめる——本書がその手助けになれたら、これ以上の幸せはありません。

作曲の科学 もくじ

はじめに 3
プレリュード 10

第1楽章
作曲は「足し算」である
——音楽の「横軸」を理解する 21

1-1 「楽譜」の誕生
　　—— 作曲を進化させた音楽の「記録装置」 22

1-2 音楽の「横軸」とは何か？
　　—— 作曲の基本「音楽記号」を知る 39

1-3 音律と音階の謎
　　—— 曲調を決めるのは何か 67

第2楽章
作曲は「かけ算」である
——音楽の「縦軸」を理解する 77

2-1 音楽の「縦軸」とは何か？ 78

2-2 和音を生み出す「音程」のしくみ　　97

2-3 和音の法則
　　——「かけ算」のルールとは何か　　113

第3楽章

作曲のための「語彙」を増やす
——楽器の個性を知るということ　　133

3-1 マリンバ
　　—— 私が最も魅せられた鍵盤楽器　　134

3-2 ピアノ
　　—— 作曲の可能性を最大限に広げてくれる楽器　　144

3-3 バイオリン
　　—— "不自然な楽器" の魅力　　150

3-4 クラシックギター
　　—— マリンバに光をくれた共感の楽器　　152

3-5 フルート
　　—— 14歳の天才少年が教えてくれた魅力　　156

3-6 オーボエ
　　—— 世界で最も演奏が難しい楽器　　159

第 **4** 楽章

作曲の極意
―― 書き下ろし3曲で教えるプロのテクニック　163

4-1　まず「モード」から始めよ　164

4-2	和音とコードに強くなる ——「かけ算」に習熟せよ	185
4-3	作曲の「意図」を教えます ——書き下ろし新曲で徹底指南	209

おわりに	229
監修者解説	232
さくいん	235

プレリュード

《音楽一家に生まれて》

「作曲の科学」について詳しくお話しする前に、私、フランソワ・デュボワと音楽との出会いについて、かんたんに紹介させてください。

私は、プロの芸術家や音楽家がたくさんいる家系に生まれました。母方の伯父はドラム奏者で、もう一人の伯父もジャズギタリスト・サキソフォニストでした。彼らの父親、つまり、私の祖父はホルン奏者でした。

母自身も、長らくモダンダンスの先生をしていて、さらには年の離れた姉がピアニストだったこともあり、私の幼い頃の小さな世界は、文字どおり音楽にあふれていました。

私自身が音楽に興味をもつようになったきっかけは、母から与えられたようです。当時の我が家には、教材として発売されていた大作曲家たちの人生と作品が収められたレコードがたくさんあって、幼少期からずっとそれを聴かせてくれていました。ピアノを始めたのは8歳のころですが、正直にいうと、この楽器はあまり好きにはなれず、私の音楽への情熱はまだ、それほど高まってはいませんでした。

私の音楽熱が一気に高まったのは、思春期になってロックミュージックと出会ってからのことです。ドラムを叩きはじめてまもなく、プロのミュージシャンになる決心をしました。それが、14歳のころです。

《17歳でプロの道へ》

なにしろ音楽家だらけの一家ですから、そうなると私も含

めた家族みんなが、音楽のプロとして食べていけるようにもっとしっかりと道を切り拓かなくては、ということを意識しはじめます。

そこで、もともとピアノ科に通っていた地元ブルゴーニュ地方のヌヴェールにあるコンセルヴァトワール（国立音楽院）の打楽器科に入学しました。1年後には、ピアノと打楽器のクラスに加えて和声と対位法の授業を受け、さらに教会音楽、楽曲分析などのプロコースの履修を本格的に開始したのです。

17歳になると、同じブルゴーニュ地方のリュジーという街にある音楽院の教師としても教えはじめ、コンセルニヴェルネ交響楽団と掛け持ちしながら、ヌヴェール・フィルハーモニーのメンバーとしても活動を開始しました。つまり、17歳でプロの音楽家として独り立ちしはじめたわけですが、その活動範囲はまだ、ブルゴーニュ地方に限られていました。

19歳になってパリに居を移した私は、打楽器と作曲の研鑽を続けました。作曲家を目指して、習練に励んだのです。

ものすごく厳しいことで有名で、ついていくには猛勉強が必須とされていたジャクリーヌ・ルキャンに師事し、ソルフェージュ（楽譜を読み込み、正確に表現するための記譜能力を身につける訓練）を学びました。さらに、オリヴィエ・メシアン、ジャン・イヴ・ダニエル＝ルシュール、ミキス・テオドラキス、クロード・バリフなどといったそうそうたる音楽家に学んだり、一緒に仕事をしたりする機会に恵まれていきました。

パリ国立高等音楽院の研究学長を務めたアラン・ヴェベールに、私が書いた3巻にわたるマリンバ教則本を監修していただく栄誉にも浴しました。

《一度は作曲の道をあきらめて……》

　私が師事した作曲の先生方は世界的なスターぞろいで、ローマ大賞やラヴェル賞の受賞者がたくさんいます。若い日の私には、そういった歴史に名の残るような巨匠たちを前にして、自分がいかにも小さく見えたものです。作曲の道に入ることを早々にあきらめた私は、当時制作していた作品をすべて破棄してしまいました。

　新たな目標となったのが、当時はまだほとんど存在しなかった「マリンバのソリスト」というポジションを確立することでした。すなわち、「マリンバのコンサートだけで生活できるようになること」を目指していたのです。

　数ある打楽器のなかでも、マリンバは特に、大学や個人教授で教えるなどの生計の柱となる収入源がないと、生活がほぼ成り立たない楽器とされていました。私も、マリンバソリストとしてデビューしたてのころは、並行してフランスやイギリスのオーケストラで打楽器奏者としても活動していました。そのころ、バイオリニストとしても著名な名指揮者、ロリン・マゼールに指揮をしてもらったこともあります。さらに、ジャズバンドでもドラムやヴィブラフォン奏者として活動していました。

　そうやってひたすらソリストの道を開拓していくうちに、ついにマリンバソリスト一本で活躍する夢がかないました。26歳になったころのことです。はじめはドイツで火がつき、それがフランスにも広がっていきました。

　そのころ、一度はあきらめた作曲という作業が、私の人生に舞い戻ってきたのです。当時は、バイオリンとしょっちゅ

うデュオを組んで、スカルラッティやパガニーニ、リストらの編曲をひんぱんに演奏していました。しかし、いつまでもそれらのレパートリーに留まっているわけにはいかず、もっと踏み込んだかたちの、発展性のある芸術活動に取り組む必要を感じていました。

さらには、相当数の経験を重ねてきた私の打楽器人生も、そろそろ自分の個性を前面に打ち出した新しい道を確立するタイミングを迎えていました。教えを乞うた巨匠たちの跡をただ追いかけていくような道とはまた違う、独自の作曲の道があるはずだと思うにいたったのです。

そこでまずは、ジャズやクラシック界で活躍中の作曲家たちに、私が組んでいたデュオのためのレパートリー曲を書いてくれるよう積極的に頼み込んでいきました。マリンバとピアノ、あるいはクラリネット、バイオリン、チェロなど、私はいくつものデュオのパターンを持ち合わせていたので、いくらでもレパートリーが必要だったのです。

そうやって多様なジャンルの作曲家たちの新作に触れていくうちに、また、デュオを組んでいた一流のソリストの友人たちに背中を押されるようにして、「自分でも曲を書いてみよう」と思いはじめました。手探りで独自の芸術の道を模索している姿を見て、かつての恩師たちが応援してくれたことも、私にとっては大きな後押しとなりました。「理解されている」という感覚は、何よりも大きな励みになるものです。

《アフリカでの音楽体験》

ここで、作曲家としての私の経歴をお話しさせてください。

本書では、作曲のごく基本的な知識と技法をお伝えしてい

きますが、私自身はすでに30年以上の作曲のキャリアがあり、さまざまな作品を発表してきています。年齢や経験を重ねるにつれ、作曲に対する考え方やアプローチにも変化が生じてきました。本書の語り部がどのような音楽体験、作曲経験をしてきたのかを、まずは知っておいていただきたいのです。

　20代のはじめに、クラシック音楽の学業をいったん脇に置いて、アフリカンリズムを吸収するために1年間、ブルキナファソに修業に出かけました。当時のブルキナファソはまだ、オートボルタとよばれていて、軍事クーデターの真っただ中にありました。のちになって、そのときの経験をもとに、私は独自の作曲スタイルを確立していくことになります。

　アフリカで具体的に何を学んできたのかを少し説明しないと、私の作曲のベースが伝わりにくいかもしれません。

　アフリカの人たちの音楽のあり方やとらえ方は、私の出身畑である西洋音楽とはまったく違います。村祭りや儀式などで楽器を弾く機会がたくさんありますが、彼らはそういうときに楽器を通して奏者に"自由に語らせる"スタイルを取ります。グループでの演奏中、必ずどこかでソロとして弾くタイミングが回ってくるのです。

　そのソロパートを聴いて、「彼には独りよがりな傾向があるな」とか「あの人は注意深く正確に、他人の音に耳を傾けているな」とか、「この人は権力志向が強いな」「度胸があるな」といった、個々の奏者の才能や深層心理、性質や演奏傾向を読み取ります。その手法は複雑なので割愛しますが、演奏を通したこの分析方法がきわめて的確であることは、その後、何度もさまざまな経験や実験を通じて実感しています。

アフリカのローカルコミュニティでは、この手法でそれぞれに社会的な役割をもたせることで適材適所の人員配置を実践し、コミュニティが崩壊するのを防いでいます。音楽を演奏するという行為には、それだけ人の個性が反映されるということなのです。

　アフリカンリズムと即興的な掛け合いの構造的な部分をただ学ぶだけでは見えてこない、アフリカ音楽のもつ本質を身をもって体験した私は、西洋音楽とは異なる音のとらえ方を体の奥深くに刻みつけて戻ってきました。そのような経験をベースに、曲を書くようになったのです。

　具体的には、西洋音楽の素養がある音楽家には複雑に聞こえるアフリカ系のリズムをベースにして、メロディを書き進めます。たとえば8分の5拍子などがそうですが、西洋音楽で一般的な「強拍と弱拍」の強制的な"しばり"から解放された次元でメロディを作ることが可能になります。強弱拍のしばりがはずれると、既存のリズムにあてはめることができずに、独特の浮遊感が生まれます。どこが始まりでどこが終わりなのか、境界線がわからなくなり、アフリカ音楽らしさを出すこともなく、鳥になったような自由な音空間ができあがります。

　ここでアフリカ色が出てしまうと、それは創造（クリエーション）ではなく、ただの物まねになってしまいますし、作曲家としてそんなことには興味がありません。こうしてたくさん書いているうちに、二重奏（デュオ）、五重奏（クインテット）、さらには交響曲「Le Chemin de Zhang Sanfeng（張三豊の道）」にまで発展させることができるようになりました。

《武術と音楽の意外な共通点》

 もう一つ、私が使っているテクニックとして、本文中にも登場しますが、和音の進行（コード進行）に合わせてメロディをあてはめるのではなく、メロディを先に決めて、その一つひとつの音に複数の和音候補をあてはめて曲を作っていくという方法があります。こうすることで、聴いている側には驚きや予想外の展開が感じられるようになります。

 「アフリカ系のリズム」と「予想外の和声構成」——この二つが、私の作品の主軸にあります。

 さらに、作曲家としての私に深い影響を与えたのが、武当山での経験です。もともとたしなんでいた太極拳や八卦掌（はっけしょう）といった内家拳（ないかけん）（中国武術の一種）を深めるために、中国における道教の聖山である武当山（その古代建築群は世界遺産に指定されています）に修行に行ったのですが、そこでは予想以上に厳しく、そして素晴らしい日々が待ち構えていました（その顛末は、拙著『太極拳が教えてくれた人生の宝物　中国・武当山90日間修行の記』講談社文庫をご参照ください）。

 周囲の人いわく、まるで別人になって戻ってきたようだったそうですが、武当山での修行は、それほどまでに私の人生を覆す経験になりました。その経験は当然、音楽にも大きく影響します。武当山では、弱いことがすなわち強いことであるという逆説を身をもって理解させられました。そして、武術の型をたくさん覚えて吸収することよりも、むしろ型を置き去りにして、自然のリズム——風や太陽や草木の動き——に完全に調和するように心身が動くことが真の目標であることを学ばされました。

 理性で体得した知識や鍛錬で培った身体能力といったもの

をすべてそぎ落として「無」になること、すなわち瞑想の境地にいたることが究極の強さを宿すことであり、不老不死の本質であると説かれました。

意外に思われるかもしれませんが、この教えには、音楽に通じるものがあります。

作曲家は、知識としての音楽理論を蓄積し、パターンとして登場する技術や技巧を増やしていくことで、ときに無意識に、自分の過去のスタイルを踏襲することがあります。つまり、私たちは学んできたことと、個人として経験してきたことを統合した集大成として作品を書きます。要するに、私は私であるしかなく、それが曲作りにおける個性を生み出します。

一方で、武当山での経験から、その真逆のアプローチ、つまり「私」が存在しない「無」の作曲というのが可能なのだろうか？ ということに意識が向かいはじめました。私の手が書いていることに違いはないのだけれど、それでいて私ではない音楽。そうやって曲を作っても、聴くにたえて、かつ、人の心の琴線に触れる作品が果たしてできるのだろうか？──そんなふうに考えたのです。

《作曲家が用いる定理と法則とは？》

そのような思考＝試行のプロセスを経て生まれたのが、「メディタミュージック」です。本書特設サイトでも一例として新しいフルアルバム『Gunung Kawi』をお聴きいただけるメディタミュージックとは、作曲する側の「曲展開」などの意図や効果を取り払って、聴く側の感性で自由に音の空間に漂うことができる音楽を指します。心を無にしたり、瞑想し

たりする際に最も効果的な音楽性を備えつつ、しかし、そのような音楽が一般に備えがちな宗教性をもたない楽曲です。

じつは、アフリカ音楽もまた、独特の浮遊感を作り出すリズム構成とシャーマニズム文化の影響から、瞑想のツールとしても使われています。20代で出会ったアフリカ音楽と、四半世紀後に道教の聖山で肚(はら)に落とし込んだ神仙思想。私の中での点と点がしっかりとつなぎ合わされ、新たな音楽として結実したのがメディタミュージックです。

そして今回、本書の刊行に合わせて同時にリリースした『Gunung Kawi』は、じつはバリ島の寺院からインスピレーションを受けています。

メディタミュージックを書くにあたって設けたルールは二つだけです。

一つめは、曲の長さは20分を目安にするということ。

そして二つめは、人の耳や脳が期待するような、あるいは予測可能な耳に残るメロディラインを作らないということ。

3分～3分半で構成される歌謡曲は、基本的に聴き手の期待に応える、あるいは耳に残りやすいメロディラインから作られています。もっと長いクラシックの交響曲でさえも、山場はほんの数分間で、その間に「期待する」「覚えやすい」メロディラインを盛り込みます。

そういうポイントが曲中に繰り返し出てくることで、聴き手の期待感を満足させる構成になっているのです。良い悪いの話ではなく、エンタテインメント性をもつ音楽は、そういう構造をしています。

リスナーは曲を聴く際、無意識にさまざまな期待をします。心地良い和音の登場や、すでに知っていたり気に入っていた

りする和音の出現、あるいは、覚えやすいメロディ展開などを期待しながら聴き進めます。それは、ポピュラー音楽が成立するための重要な条件でもあります。

一方、メディタミュージックには、そういう要素がいっさい出てきません。私が行った実験と研究によれば、聴きはじめてから5分ほど経って、自分が抱いている期待がいつまでも満たされないことにようやく気づくと、人の脳は別のモードに切り替わりはじめるようです。期待が満たされないあきらめとともに、今ここにある音環境を受け入れはじめ、それが深いリラックスモードを作り出します。

メディタミュージックを書く際には、初心に戻ってすべてを初めて発見するような感覚をもつようにしています。知識によるなかば自動的な曲作りを避けて、一般的な曲展開とは反対の方向を目指すと、音楽は内的な方向に展開しはじめます。それは、リスナーの期待を満たしたり予測どおりに進行したりすることとはまた別次元の、繊細な知覚力を呼び起こす作業です。

現在の私は、そのようなメディタミュージック作りにいわばハマっていますが、それが可能なのも、前提となる作曲の基礎知識、すなわち「作曲の科学」をしっかり身につけているからです。聴き手が期待する和音やメロディ、曲展開とはどのようなものなのか、すなわち音楽における定理と法則を知っているからなのです。

本書ではこれから、その定理と法則について、初歩の初歩から解説していきます。それら作曲家が用いている技術を、みなさんのこれまでの音楽体験と照らし合わせることで、聴き手が期待する和音やメロディ、曲展開についても、理解が

深まることでしょう。そののちにあらためてメディタミュージックに触れていただければ、「無」の音楽の魅力もまた、体感していただけるに違いありません。

　そしてもう一つ、音楽初心者の人にこそ、作曲をお勧めしたい理由があります。それは、曲作りという新しいチャレンジを通じて、みなさんのエスプリ（精神）を開くきっかけになってほしいと考えているからです。

　日本での滞在が20年を超えた私から見ると、多くの人たちが社会のルールや他人の目を気にして、いつも「正解か、間違いか」という二項対立の価値観に振り回されていることがどうにもつらく感じられます。

　世界は、決してそんな小さなものさしで動いてはいません。だからこそ、作曲を通して、みなさん一人ひとりの"素直な声"との対話に目覚めていただけたらと願っています。

　みなさんにこの本を楽しんでいただけたら幸いです。

第1楽章

作曲は「足し算」である

―― 音楽の「横軸」を理解する

「音楽は、つねに人類の歴史に寄り添ってきたものであり、人類の天賦の才のひとつで、最も神秘的なものである」

——チャールズ・ダーウィン

1-1 「楽譜」の誕生
—— 作曲を進化させた音楽の「記録装置」

《音楽の起源 —— ダーウィンの考え》

音楽の起源は、いつ、どこにあるのでしょうか?

その歴史は、遠く闇の彼方から響いてくるほどに古く、長いものです。『種の起源』で名高い生物学者のダーウィンは、私たちの祖先が初めて「ボーカリゼーション」とよばれるものを用いたのは、オスがメスを交尾に誘うためだったといいます。

「ボーカリゼーション」とは、「発声」あるいは「発声法」のことで、すなわち、「声を出すこと」を指しています。

ダーウィンによれば、この「ボーカリゼーション」こそ、音楽の、ひいては言語の起源です。もちろん、他の説を唱える科学者が多くいることにも触れておかなければなりませんが、いずれにしても、声を含む「音」を使って「何か」を表現することは、私たち人類の性の一つであるといって間違いないでしょう。

《人類最古の楽器》

ただし、「いつから」「どうやって」「どんな」発声法をしてきたのかという確たる証拠は残っていません。

そこで注目すべきなのが、「楽器」の使用の歴史です。出土

作曲は「足し算」である | 第**1**楽章

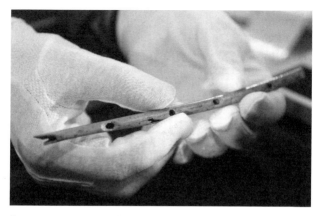

「世界最古」の楽器は笛（フルート）だった。2008年9月、ドイツのホーレ・フェルス洞窟で発見された。（AP／アフロ）

する楽器の年代を調べることで、どの時代の人類が、どんな楽器を使って、何をしてきたのか、その発展の歴史を知ることが可能となるからです。

　実際に、有史前の人類が使っていた楽器が出土しています。
　2008年9月、ドイツ・バーデン＝ヴュルテンベルク州のホーレ・フェルス洞窟から、ハゲワシの骨でできた笛の破片が発見され、放射性炭素による年代測定（有機物中に残存する炭素14の量を測定して年代を判別する手法）で3万5000年以上前のものであると判定されました。
　このとき発見された破片をつなぎあわせると、全長22cmで、5つの穴がうがたれた笛になりました。
　考古学者のニコラス・コナード博士が科学誌『ネイチャー』（2009年6月）に発表した記事によれば、現在知られる中では「間違いなく、世界でいちばん古い楽器」とのことです。

ほかにも、マンモスの牙や白鳥の骨などでできた楽器が出土しています。

それでは、「人類が用いた最古の楽器」は、どのようなものだったのでしょうか?

証明するすべはありませんが、おそらくは手拍子など、自分の身体を使って音を出していたことが想像されます。そして、もし私たちの祖先が手拍子のように「叩いて」音を出すことから始めたのだとしたら、「人類が初めて作った楽器」は、あるいは前述の笛ではなかった可能性も十分に考えられます。

今後さらなる発掘が進めば、「最古の楽器」が新たに発見される可能性もありそうです。楽しみですね。

《世界最古の楽譜とは?》

さて、3万5000年以上前の人類がすでに音楽を奏でていたとしても、その楽曲を楽譜に書きとめるようになるのは、まだまだずっと後になってからのことです。

そして、その「楽譜の誕生」こそが、作曲のあり方に大きな影響を与え、曲作りを進化させていくことになります。なぜなら、やがて楽曲の縦と横の「軸」を明確にし、両方向への進化・深化を可能にしたのが、楽譜の存在だからです。

音楽における「縦軸」と「横軸」とは何か? 詳しくはのちに譲ることにして、ここでは、「作曲の科学」の基礎をなす楽譜の誕生と進化の歴史を、かんたんに振り返ってみましょう。

現時点で、「世界最古の楽譜」として知られているのは、紀元前1400年ごろのフルリ人の歌とされています。シリアの

作曲は「足し算」である | 第**1**楽章

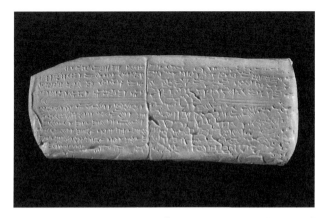

「世界最古の楽譜」として知られる「フルリ人の歌」。紀元前1400年ごろのものと見られる。(Heritage Image／アフロ)

古代都市・ウガリット（現在のラス・シャムラにあった地中海都市）の遺跡から出土したもので、粘土板に刻まれた楔形文字によって、全36曲が表現されています。なかにはほとんど完成形の曲もあり、生産と果樹の女神「ニッカル」への讃歌であることがわかっています。

楽譜の書き方を「記譜法」とよびますが、記譜法は各時代や文化圏ごとに独自の進化・発展をとげてきました。国々や諸文明が統廃合されていく歴史の流れにおいて、複雑に影響を与えあい、あるいは、廃れていった技術もあるなかで、私たちが知る現在の楽譜の形にいたっています。

たとえば、私たちがこんにち慣れ親しんでいる楽譜の原形となるものが、紀元前6世紀の古代ギリシャですでに見受けられます。ギリシャ文字の文字列とアクセントのつけ方の法則を活用して、音の高低を表現するようになりました。この

譜面を見ると、現代の私たちでも大まかな曲調の目星をつけることができますが、複雑なリズム構成や正確な音の高低などを表現する手段は、まだまだ欠けています。

その後、1500年近くも経過した9世紀ごろになって、キリスト教文明がこの古代ギリシャにおける記譜法をふたたび採用しています。これを「ネウマ譜」とよびます。

しかし、いったいどうして1500年もの時間が離れているのでしょうか?

驚くことに、かつてのギリシャにおける記譜法は時代とともに廃れてしまい、やがて忘れ去られてしまっていたのです。当時のギリシャ人たちは、楽曲を書きとめる必要性をさほど感じていなかったのではないか、という指摘もなされています。

じつは、そもそも「音楽を書きとめる」という行為そのものが、各社会、各文明ごとに異なる「価値観」に基づいているのです。たとえば、アフリカ音楽は先達の演奏を後継者が耳で覚えることで伝承されることが基本ですので、記譜をするという考え自体が存在しません。

他の文明においても似たような事情があり、当時の音楽はもっぱら耳伝え、口伝えによって継承されていました。また、書きとめなくてはいけないほど、当時の音楽は複雑化していなかったという事実も忘れてはいけません。

《記譜の歴史を変えたカール大帝》

さて、初期のネウマ譜はテキスト(詞)が中心で、「ネウマ」とよばれるゴマ粒のような記号がテキストの行間につけ足されています。このネウマが、テキストのどの部分で声の

作曲は「足し算」である | 第1楽章

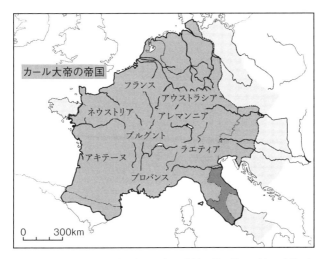

カール大帝時代の支配地。広大な帝国統治を推し進めた彼の政策が、記譜法の進化を促した。

高さを上げたり下げたりするのか、あるいは伸ばしたりするのかを示す役割を果たしていました。

そのネウマ譜のさらなる発展を促し、記譜法の歴史に大きな変化を生じさせたのが、西ヨーロッパを統一し、西ローマ帝国皇帝となったカール大帝（フランス語ではシャルルマーニュ。742～814）です。

大帝は、広大な帝国統治の手段として、カロリング朝の王として初めて宗教の力を利用することを考えました。自らの領地を「キリスト教帝国」と定め、ラテン語教育を熱心におこない、教会に付属する学校を創設するなど、さまざまな社会改革を促します。

その流れのなかで、グレゴリオ聖歌をローマ教皇が定めた

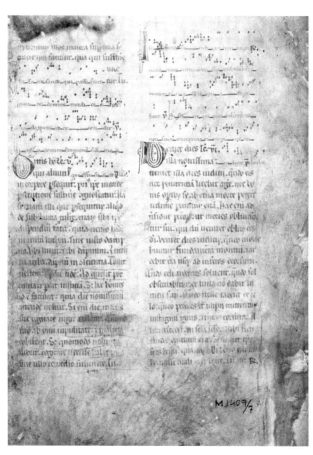

グレゴリオ聖歌をローマ教皇が定めたとおりに歌うことを取り決めた写本。上部に楽譜が見られる。(ALBUM／アフロ)

とおりに歌うことが取り決められ、各地に点在する修道院を中心に、そのための写本が多く出回るようになりました。

これを機に、「音楽を書きとめる」ことの必要性と重要性が一気に高まり、ネウマ譜が進化していくことになるのです。

ネウマ譜の写本が多く出回り、各修道院を中心に使われるようになっていくなかで、各地域ごとに、それぞれに独自の記譜形式が発達していくということも起こりました。

このように、ローマ教皇を中心として聖歌を統一的に広める目的でネウマ譜が普及したローマ・カトリック教会（西方教会）に対し、東ローマ帝国のコンスタンティノープルを中心にした東方正教会では、記譜法はまた、独自の発展をとげていきました。当然、音楽のとらえ方もネウマの扱いも異なってきます。

東方正教会はギリシャやロシア、東欧など、各地の民族の多様性を尊重した独特の文化を形成しています。たとえば、ビザンティン聖歌（あるいはビザンツ聖歌）とよばれる奉神礼用の聖歌は、ヘブライ音楽をベースにした「モノフォニー声楽」で構成されています。モノフォニー声楽とは、初期のキリスト教都市で展開した単一旋律の声楽です（詳しくは81ページ参照）。

《日本にも「博士」という名の記譜法があった》

じつは、日本にもネウマ譜に相当する「博士」あるいは「墨譜」とよばれる記譜法が存在します。

これは、仏教声楽の声明を読むための記号で、経典に書かれている漢字の周囲に記されています。この記号によって音の上げ下げを表現することで、経典を歌うようにして読み上

進化したネウマ譜。当初はテキストの行間に記号が書かれていただけだったが、基準となる音程を示すために、左から右に1本の横線が引かれるようになった。(Bridgeman Images／アフロ)

げる仏教音楽の一種です。

　6世紀、日本に仏教が伝来した際、声明とその作法も伝わったとされています。その後、慈覚大師（円仁。794〜864）によって伝えられた「天台声明」と弘法大師（空海。774〜835）が伝えた「真言声明」が二大声明として発展してきました。

　先の、ローマ・カトリック教会系のネウマの話に戻りましょう。

　当初はテキストの行間に記号が書かれていたネウマ譜でしたが、これでは音程がわかりません。前後の音との比較で、その音が「より高いのか低いのか」しか示されていなかったからです。そこで、基準となる音程を表すために、左から右へ1本の線を引いて、記譜をするようになりました。

《「ドレミ〜」の誕生 ── じつは聖歌の頭文字だった》

　やがて、中世イタリアの修道士で音楽教師だったグイード・ダレッツォ（992ごろ〜1050ごろ）が1025年ごろ、数本の線上に四角い音符で記譜することを考案し、これが現在の楽譜の原形となりました。グイードは非常に優れた音楽教師で、彼による多くの発明のおかげで、現代の記譜法の基礎が確立されたのです。

　たとえば、みなさんがよくご存じの「ドレミファソラシ」の音程も、もともとは彼が考案したものです。当時は、誰が見てもすぐに理解して歌えるような記譜法がまだ存在しなかったため、修道士たちに讃美歌を覚えてもらうには、根気よく歌って聴かせ、練習してもらうしか方法がありませんでした。

グイードが音程の基準とした「聖ヨハネ賛歌」の楽譜。第1節〜第6節の冒頭の音が「C-D-E-F-G-A」（＝ドレミ〜の音程）になっており、その音に相当するテキスト冒頭の発音「Ut-Re-Mi-Fa-Sol-La」で音程をよぶようになった。

　もっと効率よく覚えてもらうにはどうすればいいかと頭を悩ませたグイードは、一つの聖歌を選び出し、それを基準にしてみたのです。それが、「聖ヨハネ賛歌」という聖歌でした。

　聖ヨハネ賛歌は、第1節から第6節までの冒頭の音が、ちょうど「C-D-E-F-G-A」（＝ドレミ〜の音程）になっており、その音に相当するテキスト冒頭の発音「Ut-Re-Mi-Fa-Sol-La」で音程をよぶようになったのがはじまりです。

　この「Ut-Re-Mi-Fa-Sol-La」の音程をみんなにしっかり覚えてもらうことで、別の曲を歌う際にも、「Reの音程」を思い出して歌う、というふうに応用していきました。この音の覚え方は非常にわかりやすく、イタリア中に広まりました。

　その後、「Si」の音が追加され、「Ut」が発音しにくいことから、17世紀ごろに「Do」（主を意味するDominusより）

と言い換えられるようになりました。これが、こんにちのソルフェージュ階名、すなわち「ドレミファソラシ」へと発展したわけです。ちなみに、フランスでは現在でも「Ut」(ウット)の表現を使っています。

《グイードの手》

　グイードに関する面白い発明をもう一つ、ご紹介しましょう。
「グイードの手」とよばれる、音程取りの法則です。

　繰り返しになりますが、当時のまだ不明瞭な楽譜のせいで、複雑な旋律運びの聖歌をなかなか覚えられない、あるいは、歌い間違いがひんぱんに起こるなどの問題がありました。そこでグイードは、音に名前を与えるほかにも、手の平の形と指の関節を活用することで、歌い方の法則をかんたんに覚えさせる方法を編み出したのです。

　それが「グイードの手」です。

　それ以降、歌の教師でなくとも誰でも歌を教えることが可能になり、誰でも正確な旋律運びを習得できるようになりました。ところが、聖歌の普及に多大な貢献をしたグイードには、大きな災厄が降りかかります。

　複雑な聖歌を歌い、教えることのできる"特権"が奪われるかたちになってしまった修道院側にとっては不都合であったために、グイードは所属していた修道院から追われる羽目になったのです。修道院を去ったグイードはその後、「グイードの手」を活用して歌手に歌の手ほどきをするようになり、やがてローマ教皇の前でも、教授法を披露したといわれています。

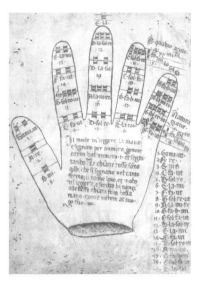

音程の取り方を覚えるための「グイードの手」。手の平の形と指の関節を活用することで、歌い方の法則がかんたんに覚えられる。(ALBUM／アフロ)

《記譜にも影響を与えたグーテンベルクの発明》

　12世紀には、筆記具が葦を削ったペンからガチョウの羽ペンに取って代わることで、ネウマ法の点（＝音符）がより書きやすい四角い点に変化しました。この四角い点による表記と、五線に音部記号（ト音記号、ヘ音記号など）が組み合わさることで、現代の記譜法の形式に通じていくのです。

　さらに、15世紀になって記譜に用いるのが羊皮紙から紙に変わったことによって、それ以前の黒くてコンパクトな音符表記はインクが染みやすいという欠点もあったことから、中央が空洞の菱形表記へと変化しました。

作曲は「足し算」である　第**1**楽章

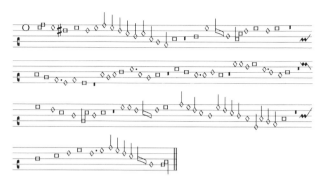

中央が空洞の菱形による音符の表記と、五線に音部記号が組み合わさることで、現代の記譜法につながる進化の道がひらけた。(Future Perfect at Sunriseによる)

　同じく15世紀には、グーテンベルクによる印刷機の発明によって、ついに私たちがよく知る丸い音符が使われるようになります。この印刷機のおかげで、より細かい印字が可能となり、黒符や、中を白く抜いた白符も鮮明に印刷できるようになって、記譜の情報量が圧倒的に増えていったのです。
　現代の私たちに馴染みの深い記譜法の基礎は、1650年から1750年のあいだに確立されていったものが多いのですが、じつは、当時の譜面を見て、現代の演奏家がすぐにその楽曲を正確に再現できるかといえば、話はそう単純ではありません。
　複数の歌や楽器を用いる楽曲（これをポリフォニー＝多声音楽とよびます。詳しくは82ページ参照）の表記が可能な程度に豊かな記譜のルールが確立してはいるものの、依然として、テンポや強弱の変化など細やかなニュアンスを示す表記が存在しなかったため、当時の譜面に残された情報だけでは、果たしてどうやって演奏すればいいのか、途方に暮れること

もしばしばだからです。

《作曲を進化させた「意外なもの」とは?》

　グイードやグーテンベルクによって大いに普及した記譜法が、作曲のあり方にまで影響を及ぼすほど急激に進化した背景には、意外な出来事がありました。

　それは、19世紀に入って作曲家たちに訪れた「社会的立場の変化」です。これにともなって記譜法が大きく変化していくのですが、そのカギを握っていたのは芸術作品に対する「著作権」の登場でした。

　従来は、作曲家が作った楽曲は、彼らを支援するパトロンの所有物とされていました。そこに著作権が認められ、作曲家本人の所有物となったことで、楽譜を見ただけで「誰によるどの楽曲」と正確に判別できることが重要視されるようになったのです。

　それまでは、演奏や歌唱に際して記憶を呼び覚ますのを助ける"メモ"程度の役割しか担っていなかった楽譜が、一つの完成された作品として認識され、作曲家の意図を忠実に再現する正確な記録としての性質をもつにいたったわけです。正確な譜面の読解と演奏の再現が最重要視されるようになった結果、楽譜に記される記号の数は、爆発的に増えていきました。

　こうして、よりわかりやすく、かつきれいに、複雑なスコアを書けるようになったことが、曲作りそのものにも影響を与えていくことになりました。

《オリジナリティの高い音楽がなかなか生まれない理由》

ところで、著作権の登場によって記譜法が発達しても、意外に変わらなかったとされているものがあります。なんだかわかりますか？

それは、楽曲の独自性の度合です。

現代でもそうですが、ある流行曲が登場すると、それとよく似た楽曲がたくさん作られるという現象が生じます。あるいは、かつてのヒット曲と似た曲調の作品が繰り返し作られるということも、決して珍しくありません。

このような事情は数百年前もまったく同じで、流行りの音楽に似せた曲が大量に出回るという社会現象は、当時から存在していたのです。著作権の登場によって記譜法が大きく発達し、細部まで作曲家の意図を正確に再現できる手法が確立しても、かんたんにオリジナリティあふれる曲ばかりが作られるようになった、というわけではないのです。

その背景には、聴き手の嗜好があります。

今も昔も、人は流行りの音楽を聴きたがる傾向にあるのです。著作権というルールが登場しても、たとえば「A」という曲が流行れば、他の作曲家も「A」に限りなく近い、あるいは「A」を想起させる曲を書いて、より多くの人に聴いてもらおう、ざっくばらんにいえば、よりたくさん買ってもらおうと考えることに変化は生じませんでした。

「著作権って、そういう似たような"コピー曲"からオリジナルの曲を守るためにあるんじゃないの？」——そう思われて当然ですが、残念ながら模倣音楽の違法性を証明するのは容易なことではありません。譜面と実際に録音された楽曲とを逐一比較したうえで、そこに悪質性があることを証明する

必要があり、これがなかなか至難の業なのです。

　それでは、著作権と関連して、「カバー曲」はどう考えればよいのでしょうか？

　こちらは、はじめからカバーすると決めて演奏しているものなので、事前に著作権者の許諾を得てさえいれば、法的な問題はありません。音楽的な観点からも、演奏者が気に入っている曲をリスペクトして演奏したり、あるいは新しい解釈を加えてアレンジしたりするのは、芸術のあり方として十分に認められるべきものです。

　そもそもクラシック音楽には、カバー曲（演奏）しかありえないのですから！

《楽器の進化も作曲を変えた》

　もう一つ、作曲の進化に大きな影響を与えたものがあります。――楽器の進化です。

　楽器そのものが発達し、新たな音色が登場したり、より複雑な演奏が可能になったりしたことも、曲作りに影響を及ぼしていきました。

　さらには、楽器の「奏法」が発達したことも、記譜の発展を手助けしたとされています。太古から残っている楽譜は、どれも歌を中心にしたもので、中世までは楽器のために楽譜を書きとめることはほとんどなかったようです。もちろん、演奏自体はさかんにおこなわれていたのですが、奏で方のバラエティが乏しく、歌声をそのままなぞったような演奏法に限られていました。

　ところが、15世紀に入って、楽器が単なる伴奏役から「ソリスト」の役割を担うようになったころから面白くなってい

きます。楽器が徐々に独立性を獲得していくのにともなって、以降の3世紀にわたって撥弦楽器（リュートやギター、シターンなどの、弦を弾いて演奏する楽器）の記譜法（＝タブラチュア）が発達していくことになったのです。

1-2　音楽の「横軸」とは何か？
―― 作曲の基本「音楽記号」を知る

「作曲とは数学である」――フランスの音楽家たちは曲作りをこうなぞらえる。「はじめに」で、そうお話ししました。

音の組み合わせには「定理」があり、美しいメロディを生み出すための"足し算"や"かけ算"があって、その「四則演算」を知らなければ、決して美しい楽曲を作ることはできないからです。

そして、その四則演算を理解するために必要不可欠なのが、「音楽記号」です。前節では、記譜法の誕生と進化の歴史を振り返りました。この節では、現代の音楽家が用いる音楽記号について、基礎の基礎から解説することにしましょう。

《音楽の縦軸と横軸 ―― 五線譜が示す二つの「次元」》

みなさんがよくご存じの楽譜には、5本の横線が引かれていて、その線上や線と線のあいだに、たくさんの音符が並んでいますね。5本の横線を用いて書かれたこの楽譜を、「五線譜」とよびます。

この五線譜こそ、「数学」としての作曲における"計算"の場であり、その計算結果としての答え、すなわち楽曲が、正確かつ誰でも理解できるように記録される場でもあります。大げさにいえば、記譜を用いて作られる音楽は五線譜上で生

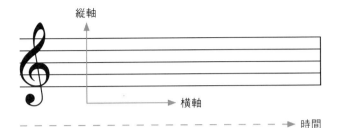

音楽の縦軸と横軸

まれ、五線譜上で再生（演奏）されるのです。

その五線譜には、音楽のもつ二つの「次元」が示されています。ここでいう次元とは何でしょうか？

音楽は、それが声楽曲であれ器楽曲であれ、必ず「時間軸」に沿って奏でられます。時間に逆行して流れる音楽は存在しませんし、あるいは、同時に最初の音符から最後の音符までが一瞬にして演奏されるということもありません。必ず時間軸に沿って、最初の音から最後の音までが順次、ある時間をかけて演奏されるのが音楽です。

「逆再生された音楽は？」という質問が飛んできそうですが、これもまた、楽譜上の終音から始音へと、単に逆方向に、そしてやはり「時間軸に沿って」演奏されたものであることに変わりはありません。

繰り返しますが、音楽は必ず、時間軸に沿って一方向に流れるものなのです。

そして、五線譜にはまず、時間軸方向への次元、すなわち音楽の「横軸」が示されています。

それでは、もう一つの次元、すなわち「縦軸」とは何なの

でしょうか。詳しくは第2楽章で紹介しますが、音楽はまず、時間軸方向の次元＝「横軸」によって構成され、次に「縦軸」によってその響きをより豊かなものにしていきます。

音楽にとって、いわば横軸は「足し算」であり、縦軸は「かけ算」なのです。ここではまず、横軸＝足し算について見ていくことにしましょう。

《「音符」とは何か？ ── その本質を知る》

さて、五線譜に記された5本の線にもそれぞれ、名前があります。下から順に、第一線、第二線、第三線……とよばれ、第五線まであります。また、各線のあいだは、第一間、第二間……とよばれ、第四間まであります。

5本の線で表現しきれない場合には、「加線」という線を上下に追記することができます。

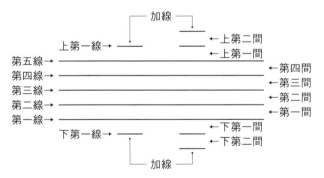

当たり前のように感じているのでふだんはあまり意識しないと思いますが、この五線譜の左から右に向かって、時間が流れていきます。すなわち、左側の音符から右側の音符に向かって、順々に演奏されていきます。時間軸に沿ったこの次

元が、音楽の「横軸」です。

　そして音符とは、この横軸がどのように展開していくのかを指し示す「記号」です。作曲家は、音符によって楽曲の時間軸方向の成り立ちを構成し、演奏家は、その音符で指示された展開どおりにその楽曲を奏でていきます。

　それではなぜ、この横軸方向の構成が「足し算」なのか？

　五線譜に音符を書き入れながら、確かめてみることにしましょう。

　この楽譜を演奏することはできるでしょうか？

　楽譜を読める／読めないにかかわらず、たとえプロの演奏家でも（いや、むしろプロだからこそ）、この楽譜を正確に演奏することはできません。なぜなら、単に音符を書き入れただけでは、それが実際にどんな音を表しているのか、明確に定まっていないからです。

　じつは、単に音符を書き込んだだけでは、その人の頭の中にある音楽を正確に再現して記したことにはなりません。その理由は、個々の音符が示しているものが、その音の相対的な高さと長さだけだからです。

　相対的な音の高さと長さ——これが、音符が示しているものの本質です。

《音符の長さはどう表されるか》

まず、音符が示す「長さ」について見てみましょう。

音符には、さまざまな「長さ」を示すものがそろっていて、少々煩雑に見えるかもしれません。しかし、これこそが音楽における「足し算」の基本となる単位であり、特徴とルールさえ覚えてしまえば、とても便利な記号たちです。

基本になる音符は、「４分音符」とよばれる黒丸に棒がついたような形をした音符です（♩）。基本的にはこの４分音符が、１拍に相当します。

まず、長さが伸びる側を見ていきましょう（次ページの図に示した４分音符より上側に注目してください）。

４分音符の２倍の長さの音を示すのが「２分音符」で、２拍分に相当します。

４分音符の４倍、２分音符の２倍の長さの音を示すのが「全音符」で、こちらは４拍分に相当します。この全音符が、いまの段階では最長の音符表記です。

次に、長さが短くなる側はどうでしょうか。こんどは、先に示した図の４分音符より下側に目を移してみましょう。

４分音符の２分の１、すなわち、ちょうど半分の長さの音を表すのが、「８分音符」です。半拍に相当します。

４分音符の４分の１、８分音符の２分の１の長さを示すのが「16分音符」で、４分の１拍を担います。

そして、４分音符の８分の１、８分音符の４分の１、16分音符の２分の１の長さの音を示すのが「32分音符」で、こちらは８分の１拍に相当します。

32分音符よりもさらに短い音符も存在しますが、ごく難しい曲にしか登場しないので、ここでは割愛しましょう。

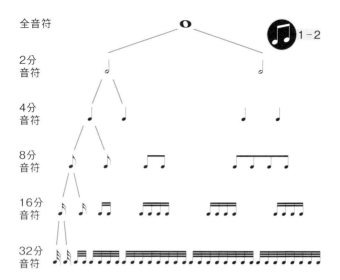

《「音が鳴っていない長さ」をどう示す？── 休符の役割》

　前述のように、音楽は時間軸＝横軸に沿って音符が配置されることで構成されています。

　しかし、その時間軸上でつねに、どんなときでも音が鳴っているわけではありません。音に長さがあるのと同様、「音が鳴っていない時間」にもまた、長さが存在します。それを示す記号を「休符(きゅうふ)」とよびます。

　次の図をご覧ください。

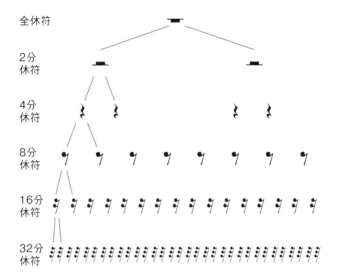

　休符のしくみは、音符のしくみとまったく同じです。4分休符を基準に、全休符に向かって「音が鳴っていない時間」が長くなり、32分休符に向かって「音が鳴っていない時間」が短くなります。

　実際の曲作りでは、音符と音符のあいだに、必要な長さに見合った休符を入れ込みながら、「足し算」をおこなっていきます。それはどこか、パズルを完成させる感覚に似ています。

《音符の"しっぽ"に注目してみよう》

ところで、8分音符以下の短い音を示す音符には、まるで"しっぽ"のような部分がついていますね。そして、1個の音符で示される「単音」の場合と、複数の音符が連続している場合とでは、しっぽの書き方が異なることも、44ページの図からわかります。

この"しっぽ"は、正式には「符鉤」とよばれます。そしてご紹介が遅れてしまいましたが、音符の頭に相当する部分を文字どおり「符頭」、符頭から五線に対して垂直に伸びる線の部分を「符尾」といいます。8分音符、16分音符、32分音符は、符頭と符鉤が符尾によってつながれることでできています。

《「テンポ」とは何か？ ── 音の長さを"絶対値"化する》

2分音符や8分音符など、それぞれの音符によって「長さ」が指定された音を弾くときには、きちんとその時間分を伸ばして弾くことが基本原則です。

しかし、単に2分音符や8分音符を示しただけでは、具体的にどのくらい長く音を鳴らせばいいのか、その"絶対値"

は決まっていません。4分音符の長さを「1」とした場合に、それに対して2倍の長さを示すのが2分音符、2分の1の長さを示すのが8分音符というものだからです。

これら各音符は、あくまでも「相対的な長さ」を示したものにすぎず、世界中の誰が弾いても同じ長さになるようにするには、五線譜上にさらなる記号を組み込む必要があります。

それが、「テンポ」です。

テンポは、イタリア語で「時間」を表す言葉ですが、楽譜には誰が見てもわかりやすいように、1分あたりの拍数を「♩ = n」「♪ = n」のように表示します（nに自然数が入る）。

たとえば「♩ = 60」であれば、4分音符を時計の秒針と同じ速さ（1分間に60回）で弾くことを示します。テンポは、「b.p.m.（beats per minute）」で表現されることもあります。

このしくみに基づくと、「♩ = 120」は4分音符を秒針の2倍の速さで弾くことがわかります。1分間で120回、音を鳴らします。テンポの設定によって初めて、「その曲のなかでの4分音符の長さ」が決定するわけです。

基準となる「4分音符の長さ」が決まることで、2分音符や8分音符の長さも確定し、"絶対値"化されます。

8分音符（♪）を使って確認してみましょう。

「♩ = 60」と同じ速度を8分音符で表現すると、「♪ = 120」と書けます。4分音符を1分間で60回鳴らすテンポは、4分音符の半分、すなわち8分音符を1分間で120回鳴らすことと同じなのです。

なお、ここでは4分音符を基準にしましたが、他の音符を基準にすることも可能です。いずれにしても、何かしらの音符の長さを基準にして1分あたりの拍数を指定することで、

テンポ（b.p.m.）がわかるようになっています。

それでは、実際に演奏している人たちは、どうやってそのテンポ（b.p.m.）をカウントしているのでしょうか？

そのとき役に立ってくれるのが、おなじみのメトロノームです。メトロノームを使って練習していくうちに、しだいにテンポの感覚が身についていきます。

《「小節」の役割 ── 楽譜における「句読点」》

すでに何度か登場していますが、五線譜を読みやすくするためのとても便利な単位が「小節」です。小節の役割を理解するために、次の文章を読んでみてください。
「たとえば文章に句読点がないとどこで心の息継ぎをしながら読めばいいのかわからないしパッと見て全体の流れというかリズムのようなものを摑みとることが難しくつまり読みづらくなります」

いかがでしょう？　文字どおり読みづらいですよね。

楽譜もこれとまったく同じで、なんの区切りもなくひたすら音符が連続したのでは、きわめて読み取りづらく、演奏者泣かせの譜面となってしまいます。そこで、譜面に区切りを入れるために用いられるのが「小節」という単位なのです。

次ページの図で、①縦に1本入った線が、通常の小節の区切りとして使われる「縦線（小節線）」です。②縦に2本入った線が、曲が一段落するときに使われる「複縦線」。そして、③右の線が太い、曲の終わりに書かれる締めの印が「終止線」です。

小節には、いくつかの大切な役割があります。

一つは、音楽に「ある一定のサイクルを作る」役割です。

作曲は「足し算」である 第**1**楽章

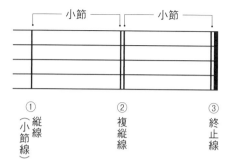

① 縦線（小節線）　② 複縦線　③ 終止線

「あれっ、このメロディは曲の頭にも出てきたぞ」「ここで何度か繰り返して盛り上げてるんだな」……。みなさんのお気に入りの音楽を思い浮かべてみると、こんな要素が出てくるのではないでしょうか。楽曲を盛り上げるためにはさまざまな演出法がありますが、繰り返し（リピート）を用いて「ある一定のサイクルを作る」のも有効な方法の一つです。

その「リピート」部を指示しやすくするのも、小節です。たとえば、次のような記号を目にしたことはないでしょうか？

進行　A→B→C→B→C→D

先に紹介した終止線にコロン（：）をつけたような記号にはさまれた部分が、リピート部です。この反復記号が登場すると、演奏者はこの小節部を繰り返し演奏すべきであること

を認識します。

　小節が担う、もう一つの大切な役割は、「拍子を数えるための仕切り」の役目を果たすことです。項をあらためて、「拍子」と一緒に説明することにしましょう。

《拍子とは何か？》

　拍子とは、ある一定の間隔を満たす「強拍」と「弱拍」の繰り返しパターンのことです。

　まず、基本的な拍子である「2拍子」「3拍子」「4拍子」について見てみましょう。

　2拍子とは、文字どおり二つの拍でできた拍子で、右足、左足、右足、左足……と、ちょうど人が歩くようすと同じ拍子です。強拍と弱拍、それぞれ一つずつの組み合わせでできています。

　2拍子の代表格に、行進曲があります。強拍と弱拍の2拍子が一つの単位となって、次々に繰り返されることで一つの曲ができあがります。

　そして、強拍と弱拍からなる2拍子の一単位を作ってくれるのが、小節です。曲作りは、小節という名の小箱を横にどんどんつなげて、その箱の内部を音符の足し算で埋めていくイメージです。2拍子の曲の場合なら、各小箱の中には2拍子で構成された音符たちが鳴っています。

　2拍子の曲を表す際には、「2／2」「2／4」「2／8」などの記号を用います。読み方は数学と同じ要領で、分母が先、分子が後なので、「2分の2拍子」「4分の2拍子」「8分の2拍子」と読みます。

作曲は「足し算」である | 第**1**楽章

　ただし、数学のいつものクセで4分の2＝2分の1と、「約分」するのは厳禁です。なぜなら、分母にある数字が「基準となる音符」を示し、分子は、「その基準となる音符が一つの小節にいくつ入るか」を表しているからです。

　たとえば、上の図でいえば、いずれも一つの小節に音符が二つ入っているから、すなわち2拍子の曲ということになります。それぞれ2分音符、4分音符、8分音符が1拍になります。

3拍子は、こちらも文字どおり3つの拍でできた拍子で、こんどは強拍が一つ、弱拍が二つで「強・弱・弱」の単位を構成します。ワルツなどが3拍子の代表です。

4拍子は4つの拍でできた拍子で、「強拍・弱拍・中強拍・弱拍」という並びになり、強い1番目の拍と、3番目の中強拍があることで曲調にメリハリがつきます。ロックやジャズなどは、たいてい4拍子です。

ここで紹介した3種類の拍子を、「単純拍子」とよんでいます。

これらより複雑な構成の「複合拍子」(6拍子、3＋3＋3の場合の9拍子、12拍子)や「混合拍子」(5拍子、7拍子、8拍子、5＋4や3＋2＋2＋2の場合の9拍子、11拍子)など、ほかにもたくさんのパターンが存在しますが、本書では詳しくは触れません。

《全音符より音を伸ばしたいときはどうする?》

たとえば、思い〜っきり長く弾きたい音があったらどうす

ればいいでしょうか?

　前述の全音符が、現在の記譜法に存在する最も長い音であることはご紹介しました。でも、それ以上に、たとえば極端な話、1分くらい、ずっと同じ音を鳴らし続けるなどといった使い方をしたい場合には、全音符ではどう考えても足りそうにありません。

　このようなケースで便利なのが、「タイ」という記号です。タイは、同じ高さの音符どうしをくっつけて弾くことを可能にしてくれる便利な記号です。見た目も、音符どうしをくっつけるような弧状の形をしているので、意味するところは一目瞭然です。

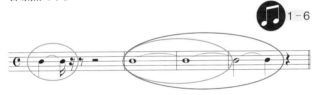

　ちなみに、タイは英語（tie）ですが、もともとは、イタリア語で「結ぶ」の意味をもつ「legatura」とよばれます。

　上図には、さまざまな組み合わせのタイが登場しています。

　まず、右側の二重になっている円のうち、内側の円の内部を見てみましょう。ここを見て、これが何拍子の楽譜か見分けることができますか?

　一つの小節に全音符（4拍の音符）が1個しか入っていない箇所があるので、4拍子であることがわかります。五線譜のいちばん左に書かれている「C」の記号は、「4分の4拍子」であることを示しています。

　さて、この円の中では、同じ高さの全音符が二つ、タイ記

号でつながっています。つまり、全音符二つ分をひたすら伸ばし続けて弾くことを意味しており、演奏者は8拍分の音を出します。

　次に、二重になっている円の、外側の円の内部全体を見てみましょう。

　同じ高さの全音符二つに加え、2分音符一つ、さらに4分音符一つの長さを弾くという指示になっています。3小節にまたがってずっと同じ音を伸ばしつづけて弾くということで、合計11拍分になっています！

　ここで、かんたんな計算をしてみましょう。

　3小節にまたがっているということは、3小節×4拍＝12拍分の長さの音符を書き入れるのがルールです。ところが、実際に音が鳴るのは11拍分だけ。あと1拍足りないなと思ったら、最後の休符が4分休符、すなわち1拍分でした。

　こんなふうに、小節単位で数合わせをしていくのが記譜法の基本です。シンプルな足し算でしょう？

　最後に、いちばん左の円の中を見てください。

　4分音符と16分音符を続けて弾く、つまり4分音符より心持ち長めに弾くイメージが示されています。足し算をしてみると、4分音符（1拍）＋16分音符（4分の1拍）＋16分休符（4分の1拍）＋8分休符（2分の1拍）＋2分休符（2拍）＝4拍で、ちゃんと計算が合っています。

　タイ記号の便利な点は、とても長い音を弾いたり、小節をまたいでつないで弾いたりしたいときに使えるところです。そして、小節をまたいで音をつなげて弾くことができるのは、このタイ記号だけなのです。ぜひ覚えておいてください。

《音を「元の音の半分の長さだけ」伸ばしたいときは?》

たったいま、タイ記号を用いる便利さをお伝えしたばかりですが、音符をわざわざ2〜3個書いてからつなげるのは、面倒でもあります。「元の音の半分の長さだけ音を伸ばしたい」ときには、「付点」という記号が使えて便利です。

付点とは、音符の右横に書き入れる黒い点のことで、「その音符の半分の長さだけをつけ足して弾く」ことを意味します。

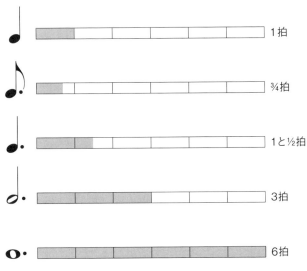

タイと付点は、いずれも「音を伸ばす」ことを示す記号ですが、どちらを使うかは作曲家の好みによるところもあります。個人的には、パッと見てすぐに理解しやすいタイを好んで用いますが、どちらかしか使えないケースもありますのでご注意ください。

というのも、「小節をまたいで」付点音符を響かせることは

付点：つけられた音符の半分の長さをその音符に加える

できないのです。付点のついた音符は、あくまでも１小節の中で演奏し終えることが条件です。前述のとおり、小節をまたいで音をつなげて弾くことができるのはタイ記号だけだからです。

また、「半分の長さだけ」音を伸ばす付点の示す意味は、伸ばしたい元の音符と、その２分の１の長さをもつ音符の足し算で表すことも可能です。

《音部記号の役割 ── 音程を決定する》

前項までに、さまざまな「長さ」の音符を五線譜に書いてきましたが、じつは、ある重要な情報が欠けていたことにお気づきでしょうか？

「音程」です。つまり、五線譜上のどこかに音符を書き入れ

ても、それはまだ、誰が演奏しても同じものとして再現できる「絶対的な音」ではないのです。ドにもレに、ミにもファにも、何にでもなれる——すなわち、音符そのものは「相対的な音の高さ」だけを示すものであり、長さと同様、個々の楽曲における"絶対値"を決める必要があります。

そして、個々の音符の音程は、「音部記号」とよばれる記号を書き入れて初めて、明確になるのです。音部記号には、次の3種類があります。

ト音記号
(高音部記号、G clef)

ヘ音記号
(低音部記号、F clef)

ハ音記号
(中音部記号、C clef)

これらのうち、最もひんぱんに使われるのが、「ト音記号」です。ピアノを習ったことがある人なら、レッスンのいちばん初めに出てきた記号として覚えているかもしれません。

ト音記号がレッスンの最初に登場し、またピアノの楽譜に頻出する理由はシンプルです。現在、演奏されているほとんどの音楽で基本とされている音域の記譜を、最も無理なくカバーできるのがト音記号だからです。

ざっくりといえば、私たち人間の声が出せる音域と、現代の楽器が奏でる中心音域をカバーできるのが、ト音記号なのです。

ちなみに、ピアノには計88鍵あり、7オクターブ余りの音

作曲は「足し算」である | 第**1**楽章

域を出すことができますが、その真ん中に来る音域を中心に高い側の音を右手で、低い側の音を左手で弾き分けます。このとき、右手が担当する音域がト音記号で表現される音域、左手の担当する音域がヘ音記号で表現される音域と覚えておくとわかりやすいでしょう。

これら音部記号のおかげで、譜面の音符がもつ「本当の音」がようやく決定されるのです。

次の図を見てください。

左にト音記号が書いてあるおかげで、この音符が「ソ」であることがわかります。

基本になる音がソで、これを日本語では「ト音」ともいうことから（次項参照）、ソの音を示す記号＝ト音記号とよばれるようになりました。ちなみに、フランス語では"clef de sol"（ソの音のカギ）といいます。

ト音記号を書くときに最初にペンを置く始点も、ソ＝ト音のところです。

同様のしくみで、ヘ音記号は「ヘ」の音、つまり「ファ」がここになります、という基準点を示す記号であることから、ヘ音記号とよばれます。

ト音記号とヘ音記号を使って、それぞれ「ドレミファソラシド」の音階を書いてみましょう。

《「ソ=ト音」のなぜ?》

ところで、なぜ「ト音」だとか「ヘ音」だとか、ちょっと変わった呼び方をするのだろう、という疑問がわいてきませんか? そのまま素直に、「ソの音」「ファの音」といえばいいのに……。

この呼び方が定着した理由は、日本では、ドレミの音のことを「ハニホヘトイロハ」と表現する習慣があったからです。

ちなみに、英米式にドレミを表現する場合は、アルファベットで「CDEFGABC」といいます。たとえば、コンサートのリハーサルなどで「Aの音をお願いします!」といっていたら、それは「ラを出して!」という意味です。

　ト音記号とヘ音記号で示した五線譜に、「ドレミファソラシド」と「ハニホヘトイロハ」、そして「CDEFGABC」を対応させた上の図を見て、「あれっ！」と思った人もいるのではないでしょうか？

　冒頭の「ド」に「イ」「A」を合わせて、「イロハニホヘト」「ABCDEFG」としたほうがきれいに並んで覚えやすいのに、どうしてわざわざ不自然な並びになっているのか、と。

　これにも歴史的背景があり、かつての音階は現在の「ラ」の音、つまり、「イ」「A」の音から始まっていたのです。それが、時代の変遷とともに新しい記譜法が確立されていき、31ページで登場したグイード・ダレッツォが「ドレミファソラシド」を考案した際に、かつての主音（中心音）がたまたま「ラ」にあたっていたことに由来します。

　面白いいきさつですね。

《ト音記号とヘ音記号の関係は？ ── ピアノの両手がつながる理由》

　ト音記号に比べるとやや見慣れないヘ音記号ですが、その音の読み方は、ト音記号にならえばとてもかんたんです。

　記号の始点である黒丸のところを「ヘ音」にしますよというルールなので、つまりそこが「ファ」の音になります。そのファを中心に、上下のドの音まで書いてあるのが、60ページに示したト音記号と併記した五線譜の図です。

　これを見ると、「ヘ音記号の上のド」と「ト音記号の下のド」が同じ音であることがわかります。どうですか、これでピアノを弾くときに左手と右手で切れ目なくリレーできる理由が一目瞭然です！

《「楽器の個性」を知るための記号》

　前述のように、音部記号には3種類あります。

　そして、それぞれの音部記号には、さらに複数の使い方があります。次ページの図を見てください。

　音部記号は、基本的にどの音程を弾くのかを指定する記号です。この図に書かれている音符は、すべて同じ高さの「ド」を表しているのですが、どうしてこんなにややこしい書き分けをするのでしょうか？

　それは、楽器によって得意な音域、すなわち、それぞれの楽器が発することのできる音の高低の範囲が違うからなのです。64ページの図をご覧ください。

　最上部にピアノの鍵盤が書いてあるので、ピアノがカバーできる音域が一目瞭然です。

　その下に、たくさんの楽器の名前とともに、それぞれの楽器が発することのできる音域が示されていますが、ピアノに

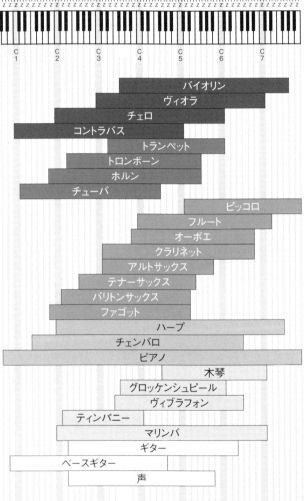

比べれば、いずれもそれほど広くないことがわかります。
　ピアノと同程度の幅広い音域を奏でられるのは、ハープとチェンバロのみ。それ以外の楽器は、それぞれの担当音域が比較的狭く、はっきりと分かれています。
　逆にいえば、それら各楽器の個性をうまく組み合わせて活用することで、作曲家は楽曲をより豊かに、オリジナリティあふれるものへと作り上げていくことができます。「はじめに」でもお話ししたとおり、楽器の個性を知ることは、曲作りのバリエーションを豊富にすることであり、"語彙"（ボキャブラリー）を増やすことに相当するからです。

《音部記号が複数存在する理由は？》

それでは、各音部記号の担当分野を見ていきましょう。

ト音記号

高音部の音を表すときに使います。
○小バイオリン記号（フレンチバイオリン記号）：
　16世紀末〜18世紀前半のバロック音楽で使用されたのち、現代では廃れています。
○バイオリン記号：
　誰もが知っている現代のト音記号。いちばん一般的な音部記号。

ハ音記号

中音部の音を表すときに使います。
○ソプラノ記号：
　女性や子どもの声に相当するソプラノの楽譜に使用されて

いました。

○メゾソプラノ記号：

女性や子どもの声に相当するメゾソプラノの楽譜に使用されていました。

○アルト記号：

元は声楽の楽譜に使われましたが、現在はヴィオラやアルト・トロンボーンの楽譜に使用されています。

○テノール記号：

元は声楽の楽譜に使われましたが、現在は主にファゴットやチェロの楽譜に使用されています。

○バリトン記号：

古くはバリトンの楽譜に使用されていましたが、現代ではほとんど使われていません。ハ音記号を五線譜の第五線に置くか、ヘ音記号を第三線に置くか、どちらでも使えます。

ヘ音記号

低音部の音を表すときに使います。

○バリトン記号

○バス記号：

誰もが知っているヘ音記号。低音部を担当する楽器（コントラバス、チェロ、ベースギター、ファゴット、トロンボーン、チューバ）のほか、鍵盤楽器（ピアノ、オルガン、チェンバロ）やハープの低音の楽譜に使います。また、ドラムセットの楽譜にもよく使われます。

○低バス記号：

現代はほとんど使われていません。

先に、ピアノの場合は右手の担当領域がト音記号、左手のそれがへ音記号であるとお話ししました。仮に、左手の音域も右手と同じト音記号で書くと、下図のようになってしまいます。加線が多すぎて、読みづらいですよね。

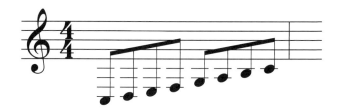

それよりも、次の図のほうがすっきりしていて、はるかに読みやすくなります。

つまり、楽譜が加線だらけになって、真っ黒になってしまうのを防ぐために、音部記号は存在するのです。

1-3 音律と音階の謎 ── 曲調を決めるのは何か

《平均律の話 ── 作曲を進化させた画期的システム》

「音律」とは何でしょうか？

これまでに触れてきたように、音楽に用いられる音には、「高さ」と「長さ」に相対的な関係があり、何らかの基準を設

けることによって初めて、誰が演奏してもまったく同じ音になる絶対的な値をもつことができるようになります。「長さ」の場合はテンポによって基準が設けられましたが、「高さ」の基準を設定するのが音律です。

たとえば、楽器を調律する際には、まずはじめに基準となる音の「高さ」を決めて、これをもとに、他の音の「高さ」を順次、決定していきます。

私たちに最も馴染みの深い音律の一つに、「平均律」があります。

平均律とは、1オクターブ内の音の高さを12等分して弾くようにした音律です。等分割した証拠として、平均律において隣りあう音（各音階）の周波数の比は、すべて等しくなるように調整されています。

ド→ド♯→レ→レ♯→ミ→ファ→
ファ♯→ソ→ソ♯→ラ→ラ♯→シ

つまり、私たちがいま耳にしているドレミファソラシドは、まさしく計算のもとに作られた人工的な音階なのです。

平均律はなぜ、作られたのでしょうか？

じつは、平均律が登場する以前は、楽器が出せる固有の調ごとに調律がバラバラだったために、作曲方法の進化にともなって複数の楽器を組み合わせる合奏はなかなかうまくいかなくなってしまいました。平均律のような"共通ルール"を用いて調律をおこない出したことでようやく、合奏が簡単になったのです。

平均律にはまた、和音もきれいに弾けるようになるというメリットがありました（和音については第2楽章参照）。さらには、このあと登場する「移調」や「転調」もかんたんで

きるようになるなど、作曲の技術を大幅に進化させる画期的なシステムだったのです。

《調律技術の未熟さが普及のハードルに》

　平均律がいつ、どのようにして登場したかについては、諸説あるのが実情です。

　いずれにしても、16世紀末に登場したバロック音楽以降、本格的に平均律を採用した曲作りがさかんになっていきました。その背景には、「ハーモニー（和声、和音）」の概念を確立したフランスの作曲家・音楽理論家、ジャン=フィリップ・ラモー（1683〜1764）が、1737年に刊行したその著書『和声の生成』において、平均律を使うことの利便性を説いたことがあるとされています。

　また、平均律という言葉は、J・S・バッハ（1685〜1750）の作品集『平均律クラヴィーア曲集』で有名ですが、じつはこのタイトルのニュアンスには諸説あり、ドイツ語の直訳である「よく調整された」とも、あるいは「平均律に調節された」とも、そのどちらにも解釈することができるのです。

　17世紀から普及しはじめた平均律でしたが、実用性をともなって幅広く使われるようになるには、19世紀の到来を待たねばなりませんでした。障壁となったのは、調律技術です。

　精度の高い基準ねじとピンブロックの登場により、それまですぐに調律が狂ってしまっていたピアノの音がぴたっと決まるようになり、平均律はようやく音律におけるメジャーな地位を確保することができました。それ以前は、15世紀に登場した「中全音律」など、他の音律を使い続けていたのです。

平均律という共通ルールを使うことで、複数の楽器による合奏が容易になりますが、一方で、各文化圏に特有の民族音楽系は演奏できなくなります。平均律は、近現代の西洋音楽に慣れた耳に向けて作った人工的な調律なので、当然のことといえるでしょう。

　そのため、最近では、平均律よりも自然な音に近いということで、中全音律を見直す動きも出はじめています。

《シャープやフラットって何？》

　音楽にさほど詳しくない人でも、「シャープ（♯）」や「フラット（♭）」の記号には馴染みがあると思います。これらの記号は、いったい何を表しているのでしょうか？

　シャープが、ある音符の横についた場合には、元の音より半音上げて弾くことを示します。一方のフラットは、反対に半音下げて弾くための指示記号です。

　ということは、つまり「ド♯はレ♭でもある」ということになります。事実、そうなのです。

　同じ音ではあるのですが、使い分ける作法の原則は決められていて、下から上に上がって弾くときは「ド♯」と書き、上から下に向かって弾いているときは「レ♭」と書きます。ただし、実際には、個々の作曲家の音楽的意図や、書き方のクセによって使い分けられます。

　また、同じ小節の中で、ある音符に♯や♭がついていたら、その小節内ではずっと記号をつけた状態で弾くのが原則です。例外的に記号をはずして弾いてほしい場合には、「ナチュラル（♮）」という記号をつける決まりになっています。

《「明るい曲」「暗い曲」って、どうやってできるの?》

音楽には、「明るい曲」と「暗い曲」があります。もちろん、文化や社会によってもその印象には差が出ますが、一般に曲調の「明るさ／暗さ」は、どのように決まるのでしょうか?

まず、次の図を見てください。

誰もが知っているベーシックなドレミの音階です。

この音の連なりは、明るい雰囲気を醸し出しています。これを長調の音階、すなわち「長音階」とよびます。ここで例として出したのは「ハ長調」です(ハ音＝ドから始まる長調)。

長音階に聞こえるようにするためには、ある一つのルールがあります。

図では、ドとレ、レとミ、ミとファ……のあいだの音の開きが一つひとつ書いてありますね。これです。「全音・全音・半音・全音・全音・全音・半音」の並びが、長音階になるためのルールなのです。

「全音」とは、黒鍵をはさんで隣どうしの白鍵を弾いたときの音の開き具合、「半音」とは、隣どうしの白鍵と黒鍵、あるいは黒鍵をはさまずに隣り合った白鍵を弾いたときの音の開き具合のことです。

音階の楽しいところは、このルールさえ守っていれば、レやミやファやソから始まる長音階でも作ることができる点です。

たとえば、レ（ニ音）から始まる長調（ニ長調）を次図に示します。

音と音のあいだの開きが「全音・全音・半音・全音・全音・全音・半音」になるように、シャープを使って調節しています。

この音階を使った有名な曲として、パッヘルベルの「カノン」やチャイコフスキーの「バイオリン協奏曲ニ長調」などが知られています。ぜひ実際に、聴いてみてください。

ちなみに、英語では長音階のことを「メジャースケール（major scale）」といい、ハ長調は「C Major」、ニ長調は「D Major」とよびます。

長調が明るい雰囲気を表現する一方、暗い雰囲気を表現するのが短調です。短調による音階が短音階ですが、こちらは英語でマイナースケール（minor scale）とよばれます。

短調の場合には、「全音・半音・全音・全音・半音・全音・全音」という開きのルールがあります。次の図に示したのが「イ短調」、「A minor」です。

　フラットもシャープもつけずに、そのまま弾くだけで短調になる、最もベーシックな短音階です。
　ここで紹介した長調や短調が存在する音楽を総称して、「調性音楽」とよびます。
　ある音階を聞いたとき、そこには必ず中心になる音、すなわち「主音（中心音）」があります。たとえば、最もベーシックなハ長調（ドレミファソラシド）では「ド」が主音になっていて、下のドから弾きはじめると、上のドまでスーッと連なっていく印象が出るようになっています。調性音楽という言葉には、このような音階構成のことまで含まれています。

《カラオケのキーはなぜ上下できる？ ──「移調」とは何か？》
　楽曲全体をそっくり別の高さに移すことを「移調」といいます。相対的な音程関係を原曲と同じにすることが移調の原則ですが、声域や楽器の音域などの制約によって変化が生じることもあります。
　「移調なんてどんな意味があるの？」という人は、カラオケのキー変更を思い出してください。キーの高低が自分の声と合わないために本来は歌いづらい曲を、熱唱できるのもこの移調のおかげです。自分の声域に合わせて移調することで、より歌いやすくなるという大きなメリットがあります。

性別や年齢によって、あるいはプロかアマかによって、出せる声域はさまざまに変化しますが、楽曲をそれらさまざまな声域に対応させられるのが移調です。

　また、たとえばプロの歌手が「連日のコンサートで、今日は喉が疲れたな」というときに、いつもより音域を下げて歌うことで喉を守るなど、同一人物が発声状態に応じて歌い分けられるのも、移調の効果の一つです。

　楽器の場合にも、移調は同様のメリットをもたらしてくれます。先ほども見たとおり、音域の広いピアノのような楽器でないかぎり、限られた音域で弾くことを余儀なくされるため、演奏することが難しい楽曲も少なくありません。そのような場合にも、移調という便利なシステムを用いて、各楽器の音域に合わせるといった工夫がされることがあります。

　作曲家はさらに、この移調を積極的に用いることで、楽曲の魅力を高めることを試みます。私自身は、移調することで響きに独特のツヤや色味を加えて、楽曲をより良いものにしようとすることがあります。

　たとえば、比較的高音域で演奏することを指定されている「イ短調」（ラの音から始まる短音階）の曲を「ハ短調」（ドの音から始まる短音階）に移調すると、オリジナルの譜面には含まれなかったいちばん低いドの音が、移調後は含まれるようになるケースがあるとしましょう。じつはこのいちばん低いドの音こそが、自分の担当する楽器のなかで（私の場合は、マリンバです）最も美しい響きを出せる一音だとしたら、曲の魅力がそれだけで向上します。そして、事前にそのことを想定しながら曲作りに臨むこともあります。

《「グルーヴ感」は拍子が作る》

この章のしめくくりとして、拍子の話に戻りましょう。

4分の4拍子を例にとると、必ず「強拍、弱拍、真ん中くらいの拍、真ん中より弱い拍」と強さの違いが存在します。この、各拍子ごとの強弱の違いによって、楽曲のリズムが「回る」ようになっています。それが、いわゆる「グルーヴ感」を生むのです。

4分の2拍子の場合は、文字どおり2拍子なので「強拍」と「弱拍」の二つしかありません。したがって、4分の4拍子なのか4分の2拍子なのかは、聴いてすぐにわかります。

ワルツは4分の3拍子、マーチングバンドは4分の2拍子と、それぞれに特徴的なグルーヴ感ができあがります。

面白いのは、3拍子のイメージが強いワルツも、じつはそれ以外の拍子でも作曲可能であることです。たとえば、チャイコフスキーの『悲愴』第2楽章のワルツは、5拍子です（3＋2の混合拍子）。

*

第1楽章では、五線譜を横軸で見る視点から、作曲の科学の基礎をなす「足し算」について見てきました。音符をはじめとするたくさんの記号が出てきて驚いた方もいらっしゃると思いますが、基本ルールはかんたんです。
「小節という箱の中で合計が合うように足し算する」

いかがでしょう？ 想像以上に曲作りがとっつきやすいものに感じられたのではないでしょうか。

続く第2楽章では、楽曲をより豊かにする「かけ算」についてご紹介します。いよいよ明らかになる音楽の「縦軸」とは、いったい何でしょうか？

第 **2** 楽章

作曲は「かけ算」である

―― 音楽の「縦軸」を理解する

2-1　音楽の「縦軸」とは何か？

　第1楽章では、音符を記していく五線譜が、「数学」としての作曲における"計算"の場であるということをお話ししました。

　そして、その計算結果としての答えが「楽曲」であり、五線譜は、正確かつ誰にでも理解できるように楽曲が記録される場でもあるのだ、と。

　五線譜に記された楽曲には、その音楽がもつ二つの「次元」が示されています。前章ではまず、時間軸方向への次元、すなわち「横軸」について触れ、小節を単位としながら音符が組み合わされていくさまを「足し算」に喩(たと)えてご紹介しました。

　この第2楽章では、残るもう一つの次元、すなわち「縦軸」について見ていきます。

　横軸が足し算であるならば、縦軸は「かけ算」です。音楽は、縦軸＝「かけ算」によって、その響きを格段に豊かなものにしていきます。

　果たして音楽における「かけ算」とは、どのようなものなのでしょうか？

《音楽家になった理系人たち》

　すでにお気づきのとおり、音楽は、規則に縛られた特殊な芸術です。

　絵画や彫刻などの他の芸術分野に比べ、やたらに制約やルールが多く、その点からも、数学の一種といっていいものです。あるエンジニアの友人から、「数学者は音楽に数学を見出

し、音楽家は数学に音楽を見出す」という面白い表現を耳にしたことがありますが、まさにそのとおりでしょう。

実際に、数学的素養をもつ理系人から音楽家になった人は少なくありません。私の先輩世代でいえば、ルーマニア生まれのギリシャ人でフランスで音楽活動をおこなったヤニス・クセナキスや、指揮者としても活躍したピエール・ブレーズら多くの作曲家たちが、建築学や数学を修めています。

《「ハーモニー」とは?》

さて、五線譜における横軸が、時間軸に沿って流れていくものであったのとは対照的に、音楽の縦軸は、ある同一時点において、同時に組み合わさって鳴らされる音のセットを指します。

単一の音では実現できない音の響きを、複数の音の組み合わせで可能にするこの操作こそ、音楽における「かけ算」です。

クラシック音楽におけるオーソドックスな「かけ算」には2種類あります。——「対位法」と「和声法」です。

時代的には「対位法」が先に登場したのですが、みなさんにより馴染みが深いと思われる「和声法」から話を始めることにしましょう。

えっ! 和声法なんて聞いたことがない? では、英語にしてみるとどうでしょう?

「ハーモニー(harmony)」。そうです、みなさんご存じですね。ちなみに、フランス語でもやはり「アルモニー(harmonie)」といいます。

さて、和声法の「和声」とは、異なる音を同時に複数、発

音することを指しています。より広義には、和音をはじめとするさまざまなルールや、前後の音とのつながり方などを学ぶ学問の総称を意味することもあります。

　ちなみに、「和声」と「和音」はよく似た言葉ですが、同じものではありません。ちょっとややこしいですが、和声という大きな概念や学問領域の中に、和音という具体的な音の並びがある、と理解してください。つまり、和声は和音の上位概念です。

　そしてこの和声のことを、クラシック音楽では「和声学」とよんでいます。和声学の中に、和音の作り方やそれを使った音楽の進行のコツ、メロディの飾り方などがちりばめられているのです。

《メロディと和声の関係》

　音楽の縦軸と横軸について、もう少し掘り下げてみましょう。

　横軸で見たときに最も重要なのが「メロディ」です。時間軸に沿って音符が連なっていき、それによって奏でられるのがメロディだからです。

　一方、縦軸で見たときに最も重要なのが「和声」です。次の図で、両者の関係を視覚的に確認してみましょう。

　実際の演奏においては、横軸＝メロディと、縦軸＝和声は、どのような関係にあるのでしょうか？

　ピアノを例に考えてみます。ピアノでは通常、右手でメロディ（主旋律）を、左手で伴奏を弾きますが、たとえば、右手で鳴らすA音と左手で鳴らすB音とがあいまって、ある種のハーモニーが生まれます。そのような音どうしの混じりあ

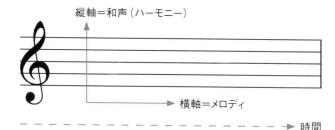

音楽の縦軸(かけ算)と横軸(足し算)

うさま、あるいは進行するようすを和声とよぶのです。

《和音はいつ生まれたか?》

前章で見たように、人類が音を奏ではじめてから少なくとも3万5000年以上が経過しているわけですが、その当初から、和声や和音=音楽のかけ算が存在していたわけではありません。

音楽のかけ算が登場するきっかけとなったのは、メロディラインが複数化する現象が生じたことでした。メロディラインの複数化とは、どのような現象なのでしょうか?

人類と音楽との長い歴史において、そのほとんどの期間は、シンプルなメロディラインが一つあるだけでした。そのような音楽を「モノフォニー(monophony)」とよびます。ギリシャ語で「一つの」を意味する「monos」から来た「mono」が語頭についていることからわかるように、「声部が一つだけの音楽」という意味です。

9世紀末ごろには、主たるメロディに付加的な声を加えた複数の声部から成る音楽が登場しました。いわば、合唱の原

形です。

　時代がさらに下って11〜12世紀ごろになると、楽器が出せる音程や演奏技術が向上し、複数のメロディラインをもつ音楽が登場してきます。こちらを「ポリフォニー（polyphony）」とよび、ギリシャ語で「多くの」という意味をもつ「polys」から「複数の声部をもつ音楽」を表します。

　ポリフォニーは、中世中期からルネサンス時代（13〜16世紀）にかけて、特に盛んになりました。

　当時のポリフォニーは、101〜102ページで紹介する完全4度（ドとファ、レとソなど）や完全5度（ドとソ、レとラなど）の間隔で、2パート以上の声部が歌われたり、弾かれたりしていました。

　ポリフォニーの代表格として最も耳馴染みのある楽曲は、「グレゴリオ聖歌」を基にしたオルガヌムでしょう。ペロティヌスとレオニヌスという二人のフランスの大作曲家が、12世紀末ごろに作り上げたもので、これがポリフォニーの基礎になりました。

　グレゴリオ聖歌を基にしたオルガヌムを構成するシンプルな二つの声部の、上下に開きのあるメロディを実際に聴いてみると、ところどころで「お？　いい感じ」「響きがきれい！」と、耳が反応する箇所があると思います。和声＝ハーモニーは、このような経験の積み重ねによって、少しずつ生まれていきました。

　ただし、ポリフォニーが生まれたばかりの中世期にはまだ、メロディを追いかける横軸の響きのほうが重要視されていました。音楽はまず、横軸から発達し、そこに縦軸の要素が加わることで進化してきたのです。

そして、和声（ハーモニー）に先駆けて登場した縦軸＝かけ算が、「対位法」です。

《「伴奏」の誕生》

クラシック音楽におけるオーソドックスな「かけ算」の一つで、和声に先行して登場した「対位法」とはどのようなものなのでしょうか？

対位法（counterpoint）の語源は、ラテン語の「punctus contra punctum」で、現代語に訳すと「音符対音符」という意味になります。その言葉が示すように、対位法の美学は複数の声部（メロディ）を同時に聴かせるところにあり、和音を中心に構成した音楽作りである和声法と並んで、重要な作曲法の位置を占めています。

17世紀以降に台頭してくる和声法は、対位法よりも歴史が新しく、連続する和音に沿って一つのメロディが書かれていくしくみです。一方の対位法は、複数のメロディが独立して存在し、それぞれに独自のポジションを確立しながらも、ときにはそれらを重ね合わせて複雑な音色やリズム構成を聴かせることに特徴があります。

今でこそ、「主旋律としてのメロディ」と、「それを副次的に支える伴奏」の概念がそれぞれに確立しているため、この二つを聴き分けることはかんたんになっていますが、10世紀ごろまでは伴奏どころかメロディを複数重ねるという概念さえ存在せず、声部は単独のメロディだけでした（＝モノフォニー）。その一つのメロディが良ければ良い音楽とされるほど、単純な話だったのです。

時代の流れとともにモノフォニーからポリフォニーへと、

曲作りの中心が移行していきます。ポリフォニーで複数のメロディを重ねるアイデアが登場すると、こんどは音どうしが変にぶつかり合って耳障りな音にならないようなルール作りを始めるわけですが、それが対位法なのです。

そして、16世紀末にバロック音楽時代が到来して初めて、「伴奏」という概念が登場します。

《「飽き」が促す音楽の進化》

対位法で作られた曲には伴奏が存在しないため、すべてのメロディが等しく美しいのが特徴です。そして、いくつものメロディを重ねていくうちに、少しずつ「音の重なりの定番」ができあがっていきます。

この「音の重なりの定番」が、やがて和音の"素"となり、和声法という新たな曲の構造が登場するきっかけを与えるのです。

別の角度からも見てみましょう。

時代を遡(さかのぼ)って、かつてのモノフォニーの時代には、音楽にとってメロディを追いかける「横軸の響き」が、唯一の重要ポイントでした。そして、ポリフォニーが登場したばかりの時代においてもなお、メロディを追いかける横軸の響きが重視されていましたが、対位法が少しずつメジャーになるにつれて「縦軸の響き」、つまり、音符と音符の重なり具合に作曲家の注意が向かうようになっていきます。

対位法の登場によって、縦軸の響きの新たな可能性を見出しはじめた音楽は、数々の対位法の定番を作り上げていきます。しかし、いったん対位法が隆盛を極めると、やがていつも同じ音の重なりばかりとなって発展性のない状態に立ちい

作曲は「かけ算」である | 第2楽章

たり、作り手にも聴き手にも、少しずつ飽きが生じてきます。

このことが、音楽を「新しい縦軸の響き」の時代へ、すなわち、対位法から和声法へと移っていくよう促したのです。

《対位法を極めたバッハ》

さて、対位法を駆使した代表的な作曲家といえば、J・S・バッハでしょう。先に、平均律の名前の由来としても登場した、あのバッハです。

彼による徹底的な音の研究のおかげで、対位法の可能性は極められたといって過言ではありません。バッハの生涯の仕事の集大成として没後に出版された『フーガの技法』は、彼の偉大さを体現する究極の作品集ですが、この「フーガ」こそ、対位法のなかで最も優れた構造とされていました。

この作品の中から、「二声のインヴェンション第4番」を選んで、通常のスピードよりもはるかにゆっくりと演奏した音源を特設サイトに用意しましたので、ぜひ聴いてみてください。

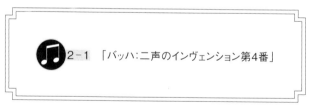
2-1 「バッハ:二声のインヴェンション第4番」

いかがでしょうか？ 対位法の特徴が、とてもわかりやすく耳に飛び込んでくると思います。

現在は、対位法を用いて実際に作曲をする人はきわめて珍しくなっていますが、それでも音楽の勉強においては重要な

基礎としてみっちり学ばされます。対位法を知ることで、作曲の形式や細かいルールが身につき、曲作りの根本を理解できるという利点があるからです。

《和音＝「縦軸の響き」の誕生》

いよいよ、和音と和声法の時代がやってきます。

バッハより前の時代、初～中期ルネサンスにあたる15世紀ごろから、和音らしきものが徐々に登場してきます。とはいうものの、まだまだ初歩的なもので、理論的にも整理されておらず、第1楽章で紹介した平均律も誕生していなかったため、その種類には限界がありました。

平均律によって、どんな楽器も同じ音程に調律できる理論と技術が確立されるまで、計算どおりに複数の音を同時に鳴らすことは実際上も難しく、美しい「縦軸の響き」を生み出すことは困難だったのです。

そんななかでも、演奏の現場で経験的に和音が生まれることはありました。対位法の演奏をしていると、"偶然の産物"として、きれいなハーモニーが生み出されることがあったからです。

ここで少し、深読みをしてみましょう。

きれいなハーモニーを生み出す偶然があった、ということは、耳障りなハーモニー（語義矛盾ですが……）が生まれる偶然も、当然あったわけです。

どの音どうしを組み合わせるときれいに響き、どうすると耳障りに響くのか――。それを理論的に整理したのが、「和音の父」とよばれるジャン＝フィリップ・ラモーでした。ラモーは、バッハと同時代を生きた大作曲家にして音楽理論家で、

当時、さまざまなかたちで点在していた音楽理論をまとめ上げることで、和声学の基礎を築きました。

そして、彼が1722年に刊行した『和声論』が、現代に通じる和声学と和音の基礎を確立したものとして評価されています。この『和声論』が出版されるや、早速、実践に移して作曲したのが、バッハの『平均律クラヴィーア曲集』です（すでに指摘したように、「平均律」の部分の意味は近年、複数の解釈がなされています）。

《和音のふしぎ ── かつて火あぶりにされた組み合わせも》

「不協和音」という言葉は、音楽に縁のない人でもよくご存じでしょう。調和を乱す行いや発言を指して、一般的にもよく使う表現です。

音楽では一般に、複数の音が同時に鳴らされた際に、各音のあいだの音程が耳障りに響く関係にある和音をいいます。反対に、美しく響くのが「協和音」です。

美の基準に絶対的なものなどありそうにないのに、和音についてはなぜ、美しい／醜いと呼び分けるのか。ちょっとふしぎな感じがしませんか？

じつは、その違いは単に音楽の種類や弾き方、前後の音の連なり、楽器構成や文化的な背景から生じるものなのです。たとえば、同じ協和音でも騒々しく弾けば耳障りに響きますし、不協和音をやさしく弾けば心地よい音色になりえます。

なかでも、和音の美醜に関しては、時代性の問題が大きいとされています。私が高校生だったころに和声学を教えてくれたティル先生によれば、いまでは当たり前の「トライトーン」（三全音。隣りあう4つの音どうしの開きが3つとも全音

になる音程。後出する増4度＝減5度の開きの響き）の和音が、中世では「悪魔の音」とされていました。

　教会から演奏することを固く禁じられ、この和音を書いた者は火あぶりにされていたというのですから驚きです。この話を聞いたときの衝撃は、今でも鮮明に覚えています。

　このエピソードからもわかるように、旋律の美の基準は、決して一つではないのです。

　また、不協和音を駆使することで、独特のかっこよさやミステリアスさを創り出すことに成功している音楽家もいます。その代表格が、ジャズピアノの巨匠、セロニアス・モンクです。

　彼の曲には、典型的な不協和音である「ド・ファ♯・ラ♭・レ♭」などが登場します。

　旋律に対する美醜の意識がさまざまに異なることは、世界各国の民族音楽を聴き比べると、さらに一目（一耳？）瞭然ですね。アフリカ、インド、タイ、インドネシア、日本、沖縄、アラブ諸国、世界各地のどの和音にも独特の存在感があり、それぞれの美しさを発揮しています。

《和音の常識を壊したくなったクラシックの巨匠たち》
　みなさんは、いわゆるクラシック音楽が、いつごろ作られた楽曲を指すかご存じですか？

　じつは、その範囲は意外に狭く、18世紀半ばにバッハの『平均律クラヴィーア曲集』が完成してから20世紀初頭までの、わずか150年ほどの比較的短い期間に、しかも西洋社会で作られた曲たちに限って、こんにちの私たちは「クラシック音楽」と総称しているのです。音楽の長い歴史と多様性か

ら考えれば、クラシック音楽がごく限られた範囲にすぎないことがわかります。

クラシック音楽時代の特徴として、ラモーによる和声学の確立に代表されるように、音楽理論が飛躍的に整理されると同時に、楽器自体が目覚ましい進化をとげたことが挙げられます。

楽器が進化するということは、すなわち音が安定し、音域が広がり、演奏技術が豊かになる、といったことを促します。

また、楽器が進化するにつれて、合奏用としてオーケストラに迎え入れられるようにもなります。当初は室内楽の編成のように小規模な、あるいは少数の楽器による合奏だったのが、楽器の数が増えることで、オーケストラを構成する人数が増加していきます。

その大所帯に演奏してもらおうと、こんどは作曲家たちが腕を競うように次々と新しい交響曲を発表していきます。さらには、当時の、腕に覚えのある演奏家たちが自身の技術を際立たせるために、あえてテクニックをひけらかすかのような難解な曲を書いていくようになったのです。ピアノでいえばショパンやリスト、バイオリンならパガニーニなどが、その代表格でしょう。

さてこの時代、新しい和声学や新しい楽器のために、多くの作曲家たちが無数の曲を書いていきますが、やがて時の経過とともにパターンが定着してくると、慣れ親しみすぎた和声法と和音を使うことに徐々に辟易するようになっていきます。

人間は飽きる動物といわれますが、このようすはあたかも、対位法の全盛期から和声法に移行していったころのデジャヴ

ュのようです。

そのような雰囲気のなかで19世紀には、ワーグナーの『トリスタンとイゾルデ』や、ドビュッシーの「牧神の午後への前奏曲」などに代表されるように、「不協和音をわざと入れてやれ！」とばかりに和声学を無視した曲構成が展開しはじめます。

さらに、20世紀に登場したストラヴィンスキーの『春の祭典』やバルトークの「弦楽四重奏曲第4番」など、和声学を崩壊させた曲作りが世の中に発表されていき、いわゆる現代音楽の時代の幕開けとなるのです。

特にドビュッシーは、「ジャズの父」とよばれるほどに、音楽に新たな和声の切り口を提案しました。そして、そのドビュッシーの影響を強く受けたモダンジャズを代表するピアニスト、ビル・エヴァンスが「和音の転回」という手法を駆使しはじめたことで、モダンジャズはいよいよ盛んになっていくのです（和音の転回については、118ページで詳しく説明します）。

ジャズの世界で不協和音が積極的に使われるようになる前夜、じつはクラシックの作曲家たちによる革新が先行しておこなわれていたという事実には興味深いものがあります。

《退化した耳？ ── レディー・ガガもU2もクラシック的だった》

前項までに、対位法から和声法への移行、そして和声法を突き崩すことで現代音楽やモダンジャズが進化してきた歴史を振り返ってきました。それは、音楽の「縦軸の響き」の変遷にほかなりません。

それでは、21世紀の現在、私たちが日々、耳にしているポ

ップスやロックミュージックは、いったいどんな理論に基づいて作曲されているのでしょうか?

　意外に思われるかもしれませんが、かつてクラシックの巨匠たちが「もう飽きた!」と一蹴した、あのラモーによって18世紀に確立された和声学に基づいているのです。つまり、オーソドックスなクラシック音楽の基準によって指定された協和音の感覚(旋律への美醜の意識)に基づいて、現代の曲作りがおこなわれているわけです。

　ジャズや現代音楽で多用されている不協和音を「野蛮な音」とよんでいた18世紀の感性で、20世紀後半以降のロックが作られている。ロックミュージックの存在意義を考えると、じつに面白い状況です。

　そのような曲の代表例としては、レディー・ガガ「Poker Face」やU2「With Or Without You」があります。少し前でいえば、ビートルズの「Let It Be」も同様です。

《クラシック音楽とロックの意外な関係》

　一周回って元通りのような、ちょっとふしぎな現象が、なぜ生じているのでしょうか?

　じつは、文化的な背景がきちんとあります。18世紀に確立された和声学は、当時のクラシック音楽のみならず、さまざまな民族音楽にも影響を与えました。時代の最先端だった和声学の理論や音の魅力が、当時の大衆文化に伝播していくのは、ごく当たり前のことでもあります。

　やがて、ヨーロッパ各地の伝統民族音楽——ケルト音楽からブルターニュ音楽、ブルガリアン・ヴォイスとよばれる女声合唱からイタリアのカンツォーネまで——が、和声学の影

響を受けて変化していきました。その過程では、個々の伝統民族音楽において使用されていた民族楽器が、18世紀以降に誕生した新しい楽器に置き換えられていく、ということも起こりました。

　なぜなら、和声学の確立は、楽器の発達の仕方にも大いに影響を与えており、時代の流れの中で生き残った楽器がある一方、廃れてしまった楽器も大量にあるからです。

　現代のロックミュージックやポップスは、良くも悪くも和声学の影響を多大に受けた伝統音楽から派生した枝葉の先に位置づけられます。したがって、あたかも連綿と続く遺伝子のように、18世紀の和声学の影響を深く受け継いでいるのも、ある意味で自然な流れといえるのです。

《時間に耐える音楽の特徴とは？》

　大きな歴史の流れがわかった後でも、もう一つ疑問が残りますね。

　和声学の伝統が、ポップスやロックミュージックのなかで今なお生き残っているのはどうしてなのか？　いくら影響を受けたとはいえ、伝統民族音楽を通じての間接的なものですし、何より300年もの時間が経過しています。それなのに、現在でもはっきりわかるほどにその伝統が息づいているのはなぜなのか？

　その理由には、音楽につきものの、ある特徴が関係しています。

　それは、耳に残りやすい構成をしているから、なのです。あるいは、歌いやすいから、覚えやすいから、踊りやすいから、と言い換えてもかまいません。音楽を聞いて思わず歌詞

を口ずさむ、あるいは体が動いてしまう、という経験は誰にでもあると思いますが、そのような曲はたいてい、歌いやすくて覚えやすい、つまり、耳に残りやすい音の構成をしています。

　これは、音楽のとても重要な側面であり、たとえ専門的な勉強をしていなくても、特別の素養がなくても、耳でコピーしてリズムやメロディ、歌詞を再現できる、覚えられるというのは、絵画や彫刻などの一定の訓練が必要な他の芸術とは大きく異なる特徴です。

　ロックに関しては一概に歌いやすいとはいいにくい楽曲もありますが、大衆向けのポップスでは、その傾向がより顕著に出ています。かつてレディー・ガガがインタビューに応えて、「いい曲というのは、踊りやすくて、覚えやすいものを指すと考えているわ」と明言していました。音楽の特徴を的確にとらえた、ポップスの女王ならではの言葉だと思います。

《ユーミンと童謡の意外な共通点》

　日本の楽曲でいえば、民謡や演歌、あるいは学校で習う童謡などが、歌いやすくて覚えやすいものの代表でしょう。「さくらさくら」「うさぎ」「うれしいひなまつり」などは、ほとんどの人が歌えるのではないかと思います。これらの曲には、日本ならではの音楽の伝統に基づいた「耳に残りやすい音の構成」がなされているのですが、ご存じでしょうか？

　それは、「ヨナ抜き短音階」という音階が用いられていることです。「ヨナ」というのは、明治時代に「ドレミファソラシ」のことを「ヒフミヨイムナ」と、1〜7を意味する和名でよんでいたことに由来します。

「ヨナ抜き」なので、ヨとナにあたる音を抜く、つまり、音階の4つ目と7つ目の音、長音階ではファとシ、短音階ではレとソを抜いた音階で曲を作ります。先の童謡に加え、たとえば「東京音頭」なども、ヨナ抜き短音階で構成されています。

　じつは、現代のポップスにもヨナ抜き短音階を使っている楽曲があり、松任谷由実の「春よ、来い」がそうです。どこか懐かしい郷愁をそそるあのメロディには、日本人が幼少期から慣れ親しんでいる童謡と同じ響きが含まれているわけですね。

《調性音楽という「縛り」》

　前項までで、音楽における「縦軸の響き」について、歴史的発展の経緯から現代の音楽に対する影響までを概観してきました。

　ここであらためて、第1楽章でも登場した「調性音楽」について触れておきたいと思います。

　調性音楽とは、長調か短調でできている音楽のことです。たとえばハ長調の場合は、「ハ音」つまり「ド」の音が中心となって、「ドレミファソラシ」の7音を使うというルールがあります。この7音の中から音を選んで、「ドミソ」「レファラ」「レラシ」といった、安定した響きをもつ組み合わせ、すなわち「和音」を作ることができます。

　ハ長調における「ド」のように、調性音楽の中心となる音のことを「主音」といいます。主音が決まることで、その音階の中での音どうしの関係やルールが定まります。それに従って和音を作っていけば、耳に馴染みのよい、安定した音楽

ができあがるのです。これが、調性音楽のメリットです。

　ただし、ここで一つのジレンマが生じます。

　調性音楽に基づいた音楽は、ルールがきっちり定まっているがゆえに、ある意味で面白くなくなってしまうのです。バラエティに乏しいともいえるでしょう。また、音楽の長い歴史、あるいは多彩さからすれば、限られた期間の美意識に基づいているために、普遍性に欠ける側面もあります。

　そのような「縛り」から「抜け出したい！」という意識をもった作曲家たちが新たな試みを模索するなかで、現代音楽に突き進んでいったのです。

　実際に、音楽を作る際には必ずしも調性音楽である必要はありません。ドビュッシーのようにアジアの旋律を取り入れたり、あるいは、オリヴィエ・メシアンのように、ヒンズーの旋律など世界の民族音楽を調べて取り入れたりした人もいます。

《楽器の入れ替えもまた「かけ算」である》

　芸術というものは一般に、定量化することが難しいものです。

　たとえば、ある絵画の美しさを100として、これを基準に他の絵画の美しさを数値化する、というのは容易ではありません。増して、「誰もが納得するかたちで」となると、不可能といっても過言ではないでしょう。

　このことは、音楽にももちろんあてはまりますが、ある一定の条件下では、定量化が可能だと考えています。そのカギは、音楽を構成する要素である「音」が、「振動」という物理現象であることが握っています。

イメージを摑んでいただくために、昔話から始めましょう。
　かつて私がジャズの作曲を教わっていた先生の一人に「楽譜に書かれている音符がすべて」という考え方の人がいました。「音符こそが最上級」なのだから、たとえ演奏する楽器の種類が入れ替わってもなんら問題はない、というのです。
　私は、この考えにまったく反対です。
　たとえば、「ドミソ」の長和音を例にとって説明してみましょう。この長和音を、ピアノやマリンバなどの単体の楽器や、あるいはクラリネット３本のように一つの種類の楽器でそれぞれ演奏する場合と、ドの音はファゴット、ミはオーボエ、ソはフルートのように、一音ずつ担当を与えて演奏する場合とでは、まったく別の音色を与えることができます。
　さらに、ドがフルート、ミがファゴット、ソがオーボエと楽器を入れ替えたら、さっきとはまた違う音色になり、聴く者にまったく異なる印象を与えることができます。
　音は空気の振動ですが、楽器によって振動の仕方や共鳴の仕方が異なります。さまざまな楽器の組み合わせによって、掛け合わされる振動の種類が微妙に変化し、楽曲全体の印象を変えることが可能なのです。
　極端にいえば、各楽器の位置が変わるだけでも全体の音色が変化してしまいます。楽器の選択や配置もまた、音楽における重要な「かけ算」の一つなのです。
　そして、無数に考えうるかけ算＝組み合わせのなかから、最高の、あるいは完璧な音色を引き出すのが、作曲家の脳内における仕事であり、演奏家の現場における役割であり、あるいはまた、指揮者の創造性の発揮のしどころになるわけです。

実際に、ある二つの特定の楽器のために書いたデュオ曲を違う楽器に入れ替えて演奏してみたら、すごくつまらないおかしな曲になった経験があります。有名なピアノ曲を別の楽器用に編曲して演奏したら間が抜けて聞こえたなどというケースも、珍しくありません。

作曲家の選択による最良の音（楽器）の組み合わせに、演奏家による精度の高い再現（演奏）が加われば、定量的な美しさを生み出しうる。音楽は科学的な芸術なのです。

2-2 和音を生み出す「音程」のしくみ

《あらためて音程とは?》

本節ではいよいよ、「和音」について具体的に見ていきます。そして、和音を理解するためには、「音程」についてあらためて確認しておく必要があります。

音程とは、二つの音のあいだの「開き」のことを指し、「度数」を単位にして表現します。本書でもすでに、ポリフォニーについて紹介したくだりで「完全4度」などの言葉が登場しました。複数の音の並びに関して、「3度の開き」や「完全4度の開き」などと表現するわけです。

次の図をご覧ください。

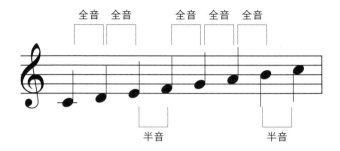

　すでに述べたとおり、ミとファ、シとドのあいだの開きは半音ですが、他はすべて全音の開きをもつのが平均律でした。実際のピアノの鍵盤にあてはめてみると、よりわかりやすいでしょう。

　半音の開きしかないミとファ、シとドのあいだは、白鍵どうしが隣り合っています。

　一方、全音の開きをもつそれ以外の音のあいだ、すなわちドとレやレとミ……などは、すべて白鍵と白鍵のあいだに黒鍵がはさまっています。

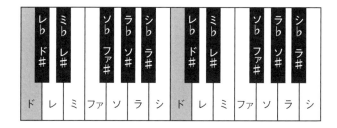

続いて、下図を見てください。

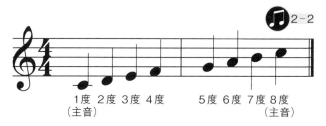

1度 2度 3度 4度　　5度 6度 7度 8度
（主音）　　　　　　　　　　（主音）

　たとえば、ドを基本の音と決めた場合には、ドは1度の音、レはドから数えて2番目なので2度の音、ミは3番目なので3度の音、ファは4番目なので4度の音……、というふうに数えていきます。

　このとき、基本となる音を「主音（中心音）」とよびます。主音は他の音にすることもでき、たとえばレを主音にした場合には、度数が順次、一つずつ上にずれていきます。

《音程には2種類ある！》

　音程の度数を数える際には、音符に♭や♯がついてもカウントせず、元の音そのものを基準にします（このような場合の元の音を「幹音」といいます）。1オクターブは8度です

が、それ以上の開きもあり、9度、10度、11度……と数えることが可能です。

♭や♯がついていてもカウントしないといったばかりですが、同じ2度の音程でも、♯や♭がついていたら当然、聞こえる音は違いますよね。両者はどうやって区別するのでしょうか？

問題　ドとレは2度の開き、ドとレ♯も2度の開き？　どう呼び分ける？

答えは、ドとレ♯の場合は「増2度」とよびます。
「増○度」の「増」とは、いったいどういう意味なのでしょうか？
作曲をするにあたって、音程はとても重要な役割を果たすので、少々細かいルールですが詳しく見ておきましょう。
じつは、音程には「完全系」と「長短系」の2種類があります。
「完全系」とは、1、4、5、8度の開きのことです。
「長短系」とは、残りの2、3、6、7度の開きのことです。

《完全系の音程とは？ ── 半音の違いに注目》
「完全1度」の音程とは、具体的には次の組み合わせをいいます。

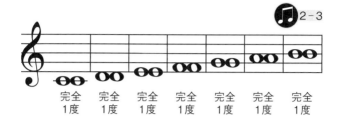

完全1度はわかりやすいですね。「まったく同じ音どうし」のことをいいます。

続いて、「完全4度」を見てみましょう。

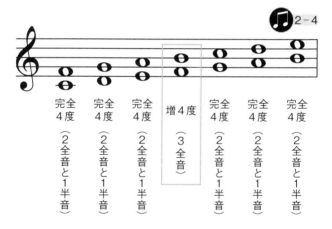

これらの開きを鍵盤に置いてみると、半音の開きが必ず一つ混じっていることがわかります。つまり、「全音2個分と半音1個分」の組み合わせが「完全4度」です。音の組み合わせとしてはやや中途半端に見えるのに「完全」という名称がついているのは、この4度の開きが音の響きとして「パーフ

ェクトである」という意味が込められているからです。

一方、半音の開きが混じっていない、全音のみで組み合わさった4度の開きを「増4度」とよびます。「完全4度」より半音多いことから、「増」の文字がつけられています。鍵盤上で見ると一目瞭然、「完全4度」より半音多いことが一目で見てとれます。

次に示すのが、「完全5度」です。

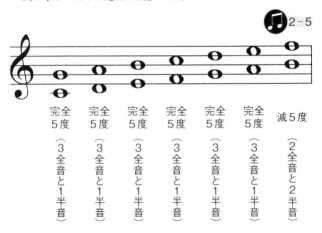

完全5度も、鍵盤上に指を置いてみるとわかりやすいでしょう。

「全音3個分と半音1個分」の組み合わせを「完全5度」とよんでいます。

ところが、上図の右端には、半音の開きが2個混じった5度の開きが書かれています。先の「増4度」とはちょうど反対に、「完全5度」より半音少ないことから「減5度」とよばれています。

もうおわかりですね。音程における「増/減」とは、「完全○度」に対して「半音多い/少ない」を示しているのです。

最後に「完全8度」を見ておきましょう。

これはかんたんで、普通のオクターブです。

《なぜ「完全」なのか?》

ところで、先ほど、「完全」という名称がついている音程には、音の響きとして「パーフェクトである」という意味が込められているという話をしました。では、いったい何をもって「完璧な音の響き」というのでしょうか?

それを決める基準こそが、古代ギリシャ以来、中世まで受け継がれてきた価値観なのです。当時の感性と耳によって「これが完全な響きをもつ度数である」と決めてしまったものなので、現代的な感覚で聞いてみると(あるいは個々の感性の違いによって)、「完全」という表現に違和感を覚えるかもしれません。

なかには「全然完全じゃない!」と感じる人もいるかもしれませんが、あくまでも古代ギリシャから中世にかけての感性によるものなので、大目に見てやってください。

まあ、現代音楽の作曲家たちが、この響きを「完全」と決めつけた理論に反発して新たな音楽を追究したからこそ、現在の私たちを取り囲む音楽シーンがあるわけですが。

《長短系の音程とは？ ── 半音の違いで長短がつく》

さて、音程には「完全系」のほかにもう１種類、「長短系」があるのでした。

長短系の音程とはいったいどのようなものなのか。詳しく見てみましょう。

先述のとおり、長短系とは２、３、６、７度の開きをもつ音程です。まず、２度の音程は、下図のとおりです。

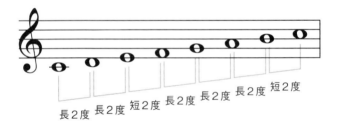

２度の音程は隣り合った音符どうしの開きですから、わかりやすいですね。でも、よく見てみると、「長」だの「短」だのがついていて、少々不穏な顔つきです。

その法則は、先にも登場した次の図と一緒に見ると、すぐにわかります。

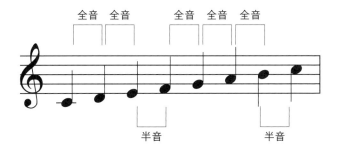

「長2度」と書かれている音程は、ちょうど全音のところと一致しています。そして、「短2度」は半音のところと一致しています。

つまり、全音の開きのときが「長」2度、半音の開きのときは「短」2度の音程と覚えておけば大丈夫です。

次に、3度の開きを見てみましょう。

3度

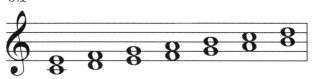

長3度	短3度	短3度	長3度	長3度	短3度	短3度
（2全音）	（1全音と1半音）	（1全音と1半音）	（2全音）	（2全音）	（1全音と1半音）	（1全音と1半音）

　ここでも2度と同様、「長」と「短」の2種類が登場しています。

　でも、もう不安はありませんね。先ほどと同様の考え方で、すぐにおわかりだと思います。

　長3度の音程は、すべて「全音2個分」でできています。一方、短3度の音程はいずれも「全音1個分と半音1個分」の組み合わせでできています。

　では、6度の開きはどうでしょうか？

作曲は「かけ算」である | 第2楽章

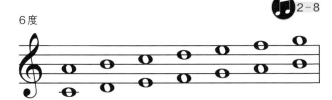

6度

長6度　長6度　短6度　長6度　長6度　短6度　短6度

（4全音と1半音）（4全音と1半音）（3全音と2半音）（4全音と1半音）（4全音と1半音）（3全音と2半音）（3全音と2半音）

　ここにも「長／短」の表現がついていますが、もう直感的におわかりだと思います。

　長6度の音程は「全音4個分と半音1個分」、短6度の音程は「全音3個分と半音2個分」で構成されています。

　すなわち、「短」がつく度数は、「長」がつく度数に比べて、つねに「半音分少ない」のです。

　最後に、7度を見ておきましょう。

7度

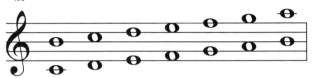

長7度　短7度　短7度　長7度　短7度　短7度　短7度

（5全音と1半音）（4全音と2半音）（4全音と2半音）（5全音と1半音）（4全音と2半音）（4全音と2半音）（4全音と2半音）

　いわずもがな、長7度は「全音5個分と半音1個分」の音程、そして短7度は「全音4個分と半音2個分」の音程です。
　ここでもやはり、長のつく音程に比べて、短のつく音程は半音分少なくなっています。

《この音程、何度かわかりますか？》

　音程を理解するためのエクササイズとして、次に示された音程の種類を考えてみましょう。

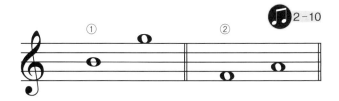

答え ①は短6度、②は長3度

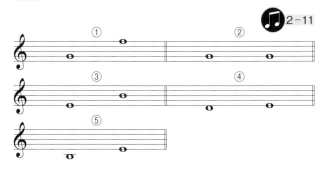

答え ①短7度、②完全1度、③完全5度、④長2度、
⑤完全4度

いかがでしょう？　すぐに答えがわかったでしょうか。

手元にピアノがあるとわかりやすいのですが、そうでない場合には、次の表が役に立ちます。

度数 半音数	完全系		長短系		
	1度	8度	4・5度	2・3度	6・7度
0	完全		増	長	
1			完全	短	長
2		完全	減		短

また、次の図と合わせて覚えておくと、より理解しやすいでしょう。

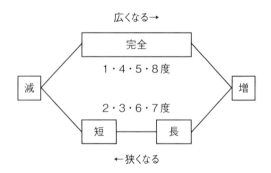

《音符に♭や♯がつくときは?》

99ページで、「音程の度数を数える際には、音符に♭や♯がついてもカウントせず、元の音そのものを基準にします」といいました。

そのときは「なんだかややこしそうだな」と感じた人も、度数の数え方を覚えた今では、何も心配することはありませ

ん。慣れるために、実際に♯や♭がついている例をいくつか見ておきましょう。

たとえば、2度の音の組み合わせは、次図のようになります。

すでに「長/短」のルールがわかっているので、難しくないですね。

続いて3度はいかがでしょうか?

6度も見ておきましょう。

　　　　長6度　　　　短6度　　　　短6度　　　　長6度

《減4度＝長3度!?》

　ところで、たとえば「減4度」の音程もあるのかな？　と、ここに登場しなかった音程について考えをめぐらせてみた人もいらっしゃるかもしれません。

　結論をいえば、もちろんあります。たとえば、ドとミ♭が減4度の音程です。
「あれっ!?」と驚いた人は、かなり音程に馴染んできていますね。そうです、ドとミ♭は、先に登場した「長3度」の開きと同じです。

　減4度と長3度が同じ……、いったい、どういうことでしょうか？

　ここが、音楽理論の（屁）理屈っぽいところなのですが、「減4度」という言葉を聞いたとき、作曲家の頭の中では「ドとファ♭」に変換しているのです。ファ♭なんていう音は、実際の鍵盤上には存在しません。平均律のピアノでその場所にあるのは、普通のミです。でも、理論上は、これがファ♭なのです。ややこしいですね。

　そのような音程はたくさん存在しうるのですが、作曲するにあたって、実質的に必要なものだけを効率よく覚えて、ま

た認識できる方法を示したのが、本節の解説でした。

2−3 和音の法則 ──「かけ算」のルールとは何か

《周波数で見ると？》

音程の理解が進んだところで、あらためて平均律について考えてみましょう。68ページで、平均律とは、「1オクターブ内の音の高さを12等分して弾くようにした音律」であるといいました。

これを数直線のかたちで図示すると、次のようになります。

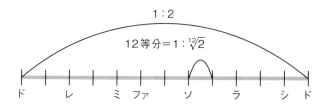

目盛り一つが半音分です。したがって、ドとレのあいだにある目盛りは、ピアノの黒鍵のド♯を表しています。

すでに何度も登場している次ページの図と比較すると、もっとわかりやすいですね。

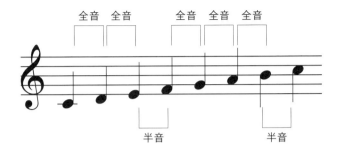

　視覚的にイメージできたところであらためて強調しておきたいのは、空気の振動という物理現象である音に、実際に目盛りを振ることはできないということです。

　そこで編み出されたのが、12乗して「2」になる数字を求め、それを基に半音の幅を決めるという手法でした。つまり、隣り合う音どうしの周波数比が、「1対2の12乗根（$1:\sqrt[12]{2}$）」になっています。

音程	平均律による値	数値
1度	$2^{0/12}=1$	1.000000
短2度	$2^{1/12}=\sqrt[12]{2}$	1.059463
長2度	$2^{2/12}=\sqrt[6]{2}$	1.122462
短3度	$2^{3/12}=\sqrt[4]{2}$	1.189207
長3度	$2^{4/12}=\sqrt[3]{2}$	1.259921
完全4度	$2^{5/12}=\sqrt[12]{32}$	1.334840
増4度	$2^{6/12}=\sqrt{2}$	1.414214
完全5度	$2^{7/12}=\sqrt[3]{128}$	1.498307
短6度	$2^{8/12}=\sqrt[3]{4}$	1.587401
長6度	$2^{9/12}=\sqrt[4]{8}$	1.681793
短7度	$2^{10/12}=\sqrt[6]{32}$	1.781797
長7度	$2^{11/12}=\sqrt[12]{2048}$	1.887749
8度	$2^{12/12}=2$	2.000000

《音階とディグリー》

音階についても、あらためてきちんと解説します。
次の図を見てください。

これは「ドを主音とする長音階」で、ドから1オクターブ上のドまでが順番に並んでいます。いわゆる音階です。

主音であるドの他にも、すべての音に属音や導音といった名前がついています。じつは、音階にはドレミ……と続く音名に加えて、このような「ディグリー（degree）」とよばれる名称もあります。

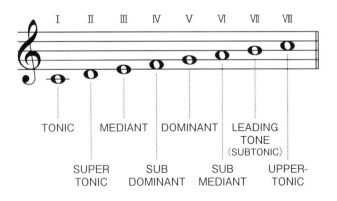

ディグリーは数字でよぶ場合もありますし（左下図の上側）、先のように漢字でよぶ場合もあります。英語の名称を用いると（左下図の下側）、各ディグリーのニュアンスが理解しやすくなるかもしれません。

アルファベットを用いずに、トニック、スーパートニック、メディアント、サブドミナント、ドミナント、サブメディアント、リーディングトーン／サブトニック、アッパートニックと、カタカナを用いることも可能です。

この音階上の名称は相対的なもので、たとえば、ソを主音とする長音階では、次図のようになります。

《和音にはそれぞれ、名前がある》

和音とは、違う高さの音が2つ以上、組み合わさって鳴るものを指す言葉でした。なかでも、最もポピュラーなのが「3和音」と「4和音」でしょう。

3和音とは、3つの音を3度ずつの開きで配置したもので、一般に最も多く使われる和音です。

ハ長調の音階をもとに3和音を作ってみると、次図のようになります。これを「ハ長調の固有3和音」といいます。

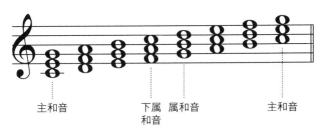

主和音　　　　　下属　属和音　　　主和音
　　　　　　　　和音

　和音を構成する各音にはそれぞれ、名前がつけられています。

　上の図でいちばん左に記載されている「ドミソの和音」を例にとって説明しましょう。ドが根音（ルート音）で、ミは第3音、ソは第5音とよばれます。

　音の開き具合、すなわち度数は、次の図を見るとわかりやすいでしょう。

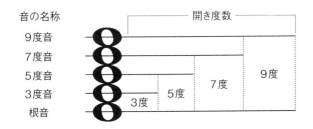

《和音の転回》

　上で見た「ドミソの和音」と同じく、「ド」「ミ」「ソ」の3

音から構成されるのに、上下の関係が異なる和音が存在します。たとえば、「ミソド」や「ソドミ」がこれにあたります。

ふしぎなことに、構成音は同じでも、上下の関係が変わるだけで、音色が新しく生まれ変わります。このような現象を「和音の転回」といいます。

そして面白いことに、和音を転回しても、根音は変わらずにドのまま、つまり、基本形に忠実なのです。

Rは「根音(ルート音)」、3は「3度音」、5は「5度音」を指す

転回を用いると、特にジャズの場合は声部が変化します。多くのケースではベース音が変わりますが、同じ音構成なのに表現力がより豊かに広がるという特徴があります。

先にも紹介したとおり、ビル・エヴァンスがこの「和音の転回」を駆使しはじめたことが、モダンジャズが隆盛を極めていく契機となりました。作曲技術の進展が、一つの音楽ジャンルを進化させた典型的な例といえるでしょう。

和音の転回によって、音の響きはどう変わるのか。ぜひ実際に楽器を弾いて、聴き比べてみてください。

《万能性の高い「主要」和音》

先ほど、音階とディグリーについてお話ししたなかで、主

音や属音といった音階の名称が登場しました。下記の図で、もう一度思い出してみましょう。

ここに、「ハ長調の固有3和音」を再度、掲載します。

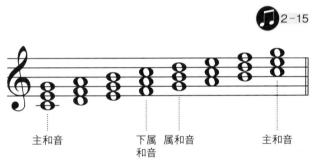

音階の名称にあった「主音」「下属音」「属音」の名称を踏まえた、「主和音」「下属和音」「属和音」という名称が登場しています。このような名称は、各和音の根音が音階のどこにあるか（主音か下属音か属音か）によって決まりますが、この3つを「ハ長調の主要3和音」とよびます。

「主要」とよばれる理由は、音楽上、とても大切な役割を果たすからです。たとえば、あるメロディラインに和音で伴奏をつける際に、どの和音を選ぶか迷ったなら、この主要3和

音を弾いておけばまず間違いないというくらい、有用性の高い和音なのです。

そして、図中の残る4つの和音は「副3和音」とよびます。

《主要3和音の性質 ── それぞれの個性で補いあう》

以下、「ハ長調の主要3和音」について、具体的に見ていきましょう。

主和音

トニック（Tonic）ともいいます。主音の性格を強く備え、主要3和音のなかで、最も「安定感」があり、「終結感」を与えてくれます。終結感とは、「ほっとする落ち着き」を感じさせる音感で、楽曲の末尾に使われることで、その曲に安定的な終結部をもたらしてくれます。

属和音

ドミナント（Dominant）ともいいます。主和音が「安定感」を醸し出す音であるならば、こちらは「緊張感」を醸成し、主和音と相対する和音といわれています。たとえば、属和音で曲が終わると、極端に尻切れトンボの印象を与えます。

誰でも知っている「猫ふんじゃった」の最後のフレーズは、このドミナントからトニックへという流れになっています。もし最後の主和音がなかったらどのように感じるか、ぜひ口ずさんで実感してみてください。

属和音は、ドミナント＝「支配する」という別名からもわかるとおり、主要3和音のなかでこの和音が調を決定づける響きをもつほど、強い性質を備えています。

下属和音

サブドミナント（Subdominant）ともいいます。サブとひと

くその名のとおり、ドミナントのサブ（次席）として扱われます。属和音（ドミナント）と下属和音（サブドミナント）の両方の響きがあっての主和音（トニック）という、「三位一体」の相関関係があることを覚えておいてください。

　ここでは「ハ長調の主要3和音」について紹介しましたが、各調にはそれぞれ、固有の主要3和音があります。以下の表でご確認ください。

主要3和音：長調編

Key	Chord I	Chord IV	Chord V
C Major	C-E-G	F-A-C	G-B-D
C♯ Major	C♯-E♯-G♯	F♯-A♯-C♯	G♯-B♯-D♯
D Major	D-F♯-A	G-B-D	A-C♯-E
E♭ Major	E♭-G-B♭	A♭-C-E♭	B♭-D-F
E Major	E-G♯-B	A-C♯-E	B-D♯-F♯
F Major	F-A-C	B♭-D-F	C-E-G
F♯ Major	F♯-A♯-C♯	B-D♯-F♯	C♯-E♯-G♯
G Major	G-B-D	C-E-G	D-F♯-A
A♭ Major	A♭-C-E♭	D♭-F-A♭	E♭-G-B♭
A Major	A-C♯-E	D-F♯-A	E-G♯-B
B♭ Major	B♭-D-F	E♭-G-B♭	F-A-C
B Major	B-D♯-F♯	E-G♯-B	F♯-A♯-C♯

主要3和音：短調編

Key	Chord I	Chord IV	Chord V
C minor	C-E♭-G	F-A♭-C	G-B-D
C♯ minor	C♯-E-G♯	F♯-A-C♯	G♯-B♯-D♯
D minor	D-F-A	G-B♭-D	A-C♯-E
E♭ minor	E♭-G♭-B♭	A♭-C♭-E♭	B♭-D-F
E minor	E-G-B	A-C-E	B-D♯-F♯
F minor	F-A♭-C	B♭-D♭-F	C-E-G
F♯ minor	F♯-A-C♯	B-D-F♯	C♯-E♯-G♯
G minor	G-B♭-D	C-E♭-G	D-F♯-A
A♭ minor	A♭-C♭-E♭	D♭-F♭-A♭	E♭-G-B♭
A minor	A-C-E	D-F-A	E-G♯-B
B♭ minor	B♭-D♭-F	E♭-G♭-B♭	F-A-C
B minor	B-D-F♯	E-G-B	F♯-A♯-C♯

《3和音を極める》

ここでもう一度、3和音の話に戻りましょう。

3和音には、基本的に4つの種類があります。そして、その和音が長調であるか短調であるかは、第3音の位置で決まります。

長3和音：第3音が根音から長3度上＋第5音が根音から完全5度上
短3和音：第3音が根音から短3度上＋第5音が根音から完全5度上
減3和音：第3音が根音から短3度上＋第5音が根音から減5度上
増3和音：第3音が根音から長3度上＋第5音が根音から増5度上

文字で書くと、なんだかややこしく見えますね。こんどは音符で表してみましょう。

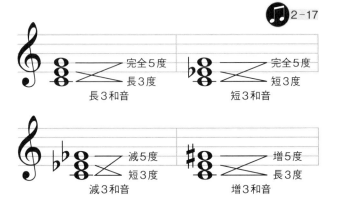

ここでもまた、「長／短」や「減／増」という言葉が登場しました。「なんだったっけ？」と忘れてしまった人のために、ピアノの鍵盤を用いて、音程の数え方をあらためて解説しておきましょう。

　まずは、「長3和音のドミソ」から。

長3和音のドミソ

　ドとミのあいだは、全音2個分で構成された3度の開きです。これが、「長3度」でした。

　ドとソのあいだは、全音3個分と半音1個分で構成された5度の開きです。こちらは「完全5度」とよぶのでした。

　つまり、「長3度＋完全5度」から成る3和音を「長3和音」とよぶようになりました。

　次に、「短3和音のドミ♭ソ」を見てみましょう。

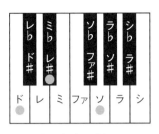

短3和音のドミ♭ソ

ドとミ♭のあいだは、全音1個分と半音1個分で構成された3度の開き、すなわち「短3度」です。

ドとソのあいだは、全音3個分と半音1個分で構成された5度の開きです。こちらは「完全5度」。

ということで、3和音が「短3度+完全5度」から成る場合を「短3和音」とよぶようになりました。

3和音は、このような要領で名づけていきます。

それでは確認のために、いちばん最初に出てきた「ハ長調の固有3和音」について、それぞれどうよぶか考えてみましょう。

答えは、下図です。

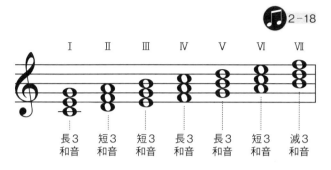

これらは3和音の基本なので、「長・短・短・長・長・短・減」と並びを覚えておくといいでしょう。

一方、短調の3和音は次図です。

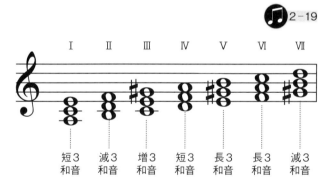

こちらは「短・減・増・短・長・長・減」と覚えましょう。

《4和音とは?》

3和音の上に、さらに3度上の音を重ねたものを「4和

音」、または、「七の和音」といいます。七の和音の別名は、根音から数えて7度の音が追加される形であることに由来しています。次の図を見てください。

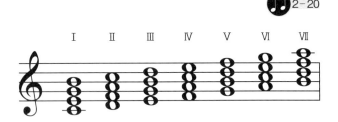

　和音の上に書かれている文字は、「ディグリー」を示しています。
　4和音（七の和音）にも、3和音同様、いくつかの種類があります。

属七の和音：「長3和音＋短3度」。調を確立するうえで最も重要な和音で、4和音のなかでは、属七の和音のみが「主要七の和音」とよばれ、それ以外を「副七の和音」といいます。
長七の和音：「長3和音＋長3度」
短七の和音：「短3和音＋短3度」
導七の和音（半減七の和音）：「減3和音＋長3度」
減七の和音：「減3和音＋短3度」
増七の和音：「増3和音＋短3度」
短三長七の和音：上記以外の組み合わせは、すべてこの名称でよばれます。

五線譜でも確認しておきましょう。

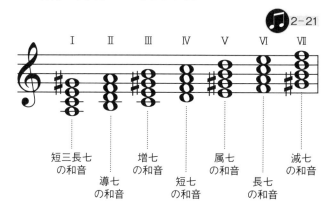

《和音の組み合わせ方》

前項までに、和音のしくみを概観してきました。

和音の数は3和音や4和音に限らず、5和音、6和音……と、いくらでも連ねることが可能ですが、本書では基本中の基本である3和音と4和音にとどめておきます。

あらためて和音のもつ意味を確認しておきましょう。

和音は、楽曲の土台を支えてくれる音です。歌や、ピアノの「右手」で弾かれるパートにあたる主旋律（メロディライン）をときに盛り上げ、ときに控え目に支えます。音楽の縦軸に変化を与える「かけ算」として、楽曲に個性を与えるのに重要な役割を果たすのが和音です。

また、ジャズでよく使われる手法として、メロディラインは弾かれていないのに、それにともなう和音を奏でるだけで「あ、あのメロディだ！」と彷彿させることができるのも、和

音の面白くて奥深いところです。

　曲作りにおいてはぜひとも駆使したいところですが、困ったことに、和音には何百とおりもの組み合わせが存在します。それほど膨大な組み合わせがありうる和音を、作曲家はいったい、どうやってたぐり寄せて一つの曲にまとめているのでしょうか？

　適当にピアノで弾いてみて、良さそうな組み合わせを拾い上げるのか、あるいは、「こうすれば和音がきれいにつながる」という便利なルールが存在するのか？

　答えは、もちろん後者です。そのルールの全体像をお伝えするのは本書の域を超えますが、あらゆる作曲の基本となる和音とその考え方のエッセンスを、本章で見ていただきました。

　繰り返し述べているとおり、作曲は数学です。

　和音Aは和音Bとは相性が悪いけど、和音Cとは共通する響きがあって相性が良い、というような決まりごとがたくさんあることで、音楽の美しさは作られています。

「音が同時に3〜4個も鳴るんだから、和音なんて結局どれも一緒でしょ？」とついつい思ってしまいがちですが、各和音ごとにディグリーの違いがあることで響きの質の違いが生まれ、その響きの質の違いに基づく相性の良し悪し、すなわち「かけ算」のルールが存在するのです。

　具体的な曲作りにおいては、和音の組み合わせ方やつなぎ方次第で、曲の展開の良し悪しが生まれます。直前まで盛り上がるように音を運んできたのに、突然、質の違う和音が入ったら違和感がありますし、もし目の前の演奏者による生演奏で聞いたら「なんて下手なんだ！」と感じることでしょう。

それらはすべて、「かけ算」のルールを無視して作ったからに他なりません。
　芸術は自由な表現によって支えられていますが、こと作曲に関しては、美しく響かせるための定理や法則があります。「和音の組み合わせ方／つなぎ方」は、そのような法則のうち、最も重要なものの一つなのです。

第3楽章

作曲のための「語彙」を増やす

——楽器の個性を知るということ

第2楽章のテーマは、音楽の「縦軸」でした。横軸を形成するメロディに対して、縦軸をなす和音は、複数の音の掛け合わせ、すなわち「かけ算」によって作られていることをご紹介しました。

　その際、個性あふれる楽器の組み合わせもまた、楽曲の響きに大きな影響を及ぼす「かけ算」の一つであると指摘したことを覚えていらっしゃると思います。まったく同じ譜面を正確に再現しても、楽器を入れ替えてしまえば、その楽曲は良くも悪くもまったく異なるものになってしまうのだ、と。

　作曲家にとって、楽器の個性を知ることは、曲作りのバリエーションを豊富にする"語彙"（ボキャブラリー）を増やすことに相当します。特定の楽器を徹底的に掘り下げて細部まで熟知する、あるいは、多数の楽器の個性の違いに精通することを通して、楽曲として表現できる幅が大きく広がるのです。

　本章では、私自身が曲作りの重要なボキャブラリーとして深く、長く付き合ってきた6つの楽器たちについて、作曲や演奏・合奏（デュオ）にまつわるエピソードをふんだんに交えながら、紹介していきたいと思います。

　少しリラックスして読んでいただきながら、みなさん自身の好みの楽器を探す一助になれば幸いです。

3-1　マリンバ —— 私が最も魅せられた鍵盤楽器

《10代なかばで出会って》

　まずは、私が最も愛着をもっている楽器から話を始めることにしましょう。——私の専門とする「マリンバ」です。

　マリンバは木製の鍵盤楽器で、マレットとよばれる専用の

作曲のための「語彙」を増やす 第3楽章

筆者が最も愛着をもっている楽器「マリンバ」。
さまざまな楽器とデュオを組んできた。

ばちで叩いて演奏します。木琴の一種といえば、想像しやすいでしょうか。

マリンバとの出会いは、私が10代なかばのころでした。パリの国立コンセルヴァトワールで学びはじめる前に入学した地元・ヌヴェールの地方コンセルヴァトワールの打楽器科で、こなすべきレパートリー楽器の一つとして弾きはじめたのです。

打楽器奏者は一般的に、打楽器とよばれるものなら何でもこなせるように訓練されます。練習すべき楽器の数が膨大なので、一つの楽器の練習にかけられる時間は他の楽器奏者に比べて極端に少ないのが特徴です。

学生のあいだはとにかく大変ですが、いったんプロになってしまえば、さまざまな楽器が演奏できる便利な奏者として重宝されるメリットもあります。一方で、器用貧乏というのか、ソリストとして飛び抜けて素晴らしいと評価されるクラシック音楽の打楽器奏者は、残念ながらさほど多くは存在し

ないのが実情です。

　クラシック音楽のコンサートをご覧になったことがある人はよくご存じのように、オーケストラの打楽器奏者はたいてい後部に広く陣取っています。ティンパニ、スネアドラム、バスドラム、銅鑼(どら)、マリンバ、ヴィブラフォン、コンガ、シンバル、トライアングル、チャイム、マラカス、タンバリン、ギロ……など、数多くの打楽器を、あたかも見本市のようにずらずらと並べています。

　そのたくさんの楽器たちを、曲目や小節ごとに素早く弾き替えていくのです。こうしてあらためて描写してみると、オーケストラの打楽器奏者は、音楽家というよりも職人に近いかもしれません。

《独特の倍音に魅せられて》

　私自身も、キャリアの初期はオーケストラの打楽器奏者を務めていました。

　当時、打楽器奏者として一つ大きなコンプレックスを感じていて、それは、打楽器の共鳴度合いがほかの楽器に比べて貧弱ということでした。

　私がプロとして活動しはじめた1970年代後半から80年代は、たとえばマリンバによく似た「シロフォン」(木琴) なども、共鳴板の質が低く、音を響かせるためにファンがつけられているほどでした。そんなふうに人工的に音を拡散させていることが「小手先の技」に思えて、どうにも気に入らなかったのです。

　自分でできることといえば、「トレモロ」といって、マレットで細かく一音を連打する方法で響きを持続させるくらいだ

ったのですが、それにもイライラさせられっぱなしでした。

そんなある日、シロフォンに比べて、はるかに音がまろやかで、倍音が豊かなマリンバに賭けてみることにしたのです。

倍音は、それこそ数学的な性質をもったもので、1636年に、メルセンヌ素数で有名なフランス人数学者、マラン・メルセンヌ（1588～1648）によって発見されました。前述のとおり、音の本質は空気の振動であり、音はそれぞれ高さを決定づける周波数をもっています。倍音は、この基音の周波数の整数倍の値の周波数をもつ音の成分で、倍音が豊かであるということは、その楽器の音色が豊かであることに直結するのです。

さて、その当時は、今ほどマリンバの演奏技術が発達していませんでしたし、「マリ……、何？　マリ……ファナ？」とバカにされることがあるほど、本当に知名度の低い、日陰者の楽器だったのです。

私はコンセルヴァトワールをとっくに卒業していて、在学中はマリンバの基本的な演奏方法しか習っていませんでしたが、かえってこの楽器のもつ本来のポテンシャルが計り知れないもののように思えて、そしてそれを誰も知らずにいることに密かな興奮を覚えました。

誰も聴いたことのない、誰にも真似のできない効果的な演奏方法があるはずだ。それを独学で編み出してみよう——そう考えたのです。それからは、孤独との闘いの日々でした。音楽練習室に毎日15時間こもって、ただひたすら、マリンバと向き合っていたのです。

1986年から89年にかけてのことでした。

《バイオリンとのデュオで大成功》

　マリンバのより効果的な演奏方法を試行錯誤しながら探究していたある日、突然、マリンバソリストとして公共の場で演奏を披露することになってしまいました。それも、のちにフランスの文化大臣を務めることになるパリ議会議員のジャック・トゥーボンの前でコンサートをおこなうという大役でした。

　当時はまだ、自分の演奏技術に納得できていなかった、道半ばのころです。不安の拭えなかった私は、世界で初めて、マリンバと他の楽器によるデュオで演奏するというアイデアを思いつきました。

　誰もが知っているソロ楽器と組むことで、注目をしてもらいやすくなるのと同時に、舞台度胸のあるソリストと合奏することでいやでも自分の演奏技術が引き上げられる。お互いの音を支えあうことで相乗効果を生み出せば、なんとか乗り越えられるかもしれない——まあ、苦肉の策ですね。

　そこで選んだのが、バイオリンでした。じつは、そのころ付き合っていたガールフレンドがバイオリニストで、彼女とできるだけ長い時間を一緒に過ごせるようにという魂胆もあったのです。長く付き合いが続くといいなという願望もあったのですが、残念ながらコンサートの後しばらくしてフラれてしまいました……。

　それはともかく、これを契機に、その後も一流のソリストたちとデュオを組めるようになったのですから、なんともふしぎな展開です。

　肝腎の初舞台は大成功を収めることができ、舞台の袖で見ていた著名な作曲家から大絶賛されるというおまけ付きでし

た。
「これは新鮮だ！　ぜひ、マリンバとバイオリンのための曲を書かせてくれ！」といって書いてくれたのが、「Barbarie」という曲です。後日、この作品を演奏したテープをコンクールに応募したところ、見事、フランス財団の賞を獲得することができました。人生はほんとうに、ふしぎな伏線に満ちています。

《ピアノやバイオリンとマリンバの決定的な違い》

　ここで一つ、一般の人にはあまり知られていない"演奏家の裏事情"について、ご紹介したいと思います。
　ピアノやバイオリン、ギターなどのソロ楽器がなぜ、代表的な楽器としてその地位を確立し、これほどまでに有名になったのか、その理由をご存じですか？
　まず第一に、有名な作曲家による楽曲がたくさん提供されているから、という要因があります。
　たとえば、ショパンやモーツァルト、ドビュッシーやベートーヴェンのような大御所作曲家たち（存命当時はそこまで有名でなくても、没後に名声を得た例も含みます）による、「バイオリンのための〜」「ピアノのための〜」といった曲が数多く書かれたことで、それらを弾きこなせる奏者も続々と現れる、という好循環が起こります。
　そうなると、曲と演奏者のあいだに、ある種の相互援助の関係が成立しはじめます。たとえば、演奏者個人を知らなくても、「ドビュッシーを聴きたいね」「ベートーヴェンのコンサートか。じゃあ、行こうかな」というふうに、曲目から興味をもつ聴衆が現れ、彼らがデビューしたての若手ソリスト

を初めて認知したり、あるいはベテランのソリストのすごさにあらためて感動したり、といったことが生じるのです。

　もちろん、その逆もまたしかりで、「あのベテランソリストの解釈したラフマニノフは迫力があったな」などなど、そもそも有名な曲は、さらに不動の地位を獲得してゆくのです。

　では、そういう構造が存在するなかで、いまだソロ楽器としての地位がまったく確立されていない楽器、たとえばマリンバのような楽器は、いったい何を演奏すればいいのでしょうか？

　一つには、ピアノやバイオリンなど、他の楽器向けに書かれた有名なソロ曲を、マリンバ用に編曲する、という方法があります。私自身、編曲者としてたくさんの曲を書き直して、ステージで演奏してきました。

　最も好んで弾いたのが、クラシックギター向けの曲です。著名なクラシックギタリストとの親交もあったせいか、当時は、クラシックギターの曲をマリンバで演奏することこそが、マリンバの魅力を最大限に引き出し、かつ聴衆にインパクトを与える最良の方法であると考えていました。

　もう一つの方法は、まったく新しい曲を書いて演奏する、というものです。現在でも状況はあまり変わらないのですが、マリンバ向けに存在するごく少数のレパートリーはマリンバ奏者自身が書いたものばかりで、率直にいって曲として今ひとつのものばかりでした。

　ある意味では仕方のないことではありますが、とにかく演奏できる曲目を増やさなくてはコンサートが成立しないという事情もあり、無名の作曲家による作品が多いのもマリンバの特徴です。先ほどのピアノやバイオリンのケースとは真逆

で、無名の楽曲ばかりでは、なかなか聴衆も集まってくれません。マイナー楽器の苦しいところです。

《一流ソリストたちからの薫陶》

私は、機会を見つけては、一流のソリストたちと次々にデュオを組んで演奏をするという道を選択しました。第三の道を選んだわけです。

チャイコフスキーコンクールで入賞した一流の女性バイオリニストや、当時のフランスで最も注目されていた若手チェリスト、あるいはリストの直系の孫弟子にあたるピアニストなど、そうそうたるメンバーと次から次へとデュオを組み、マリンバと共演してもらいました。

マリンバをメジャーな楽器にすることが主眼ではありましたが、これらの経験は音楽家としての私個人にとっても、じつにメリットの多いものでした。彼らと演奏するたびに、私自身の演奏技術が上がっていくことを実感できるのです。

一流のソリストは、幼いころからソリストとして独り立ちするべく、オーケストラの団員を目指すような一般の音楽家とはまったく違った、特殊な音楽教育を受けています。ステージ上での立ち居ふるまいや曲の解釈の仕方など、徹底的な英才教育を受けている彼らは、一般の演奏家とは何から何まで異なるのです。

私自身も、ソリストになる特訓などは受けずにコンセルヴァトワールを卒業していますので、当初は無難な演奏しかできず、正直パッとしない演奏家でした。一流のソリストたちと密にやりとりしながら演奏を続けていくことで、自分でも驚くほど短期間に、急成長をとげることができたのです。

たとえば、一流のソリストのフレージング（旋律の区切りのつけ方で、楽曲の表情やニュアンスが豊かになる方法）や音楽全体の方向性のつけ方などをたくさん身につけ、ぐんぐんと腕が上がっていきました。音楽観も豊かになり、やがて自他ともに認める、本物のマリンバソリストに成長していったのです。

　腕が上がると、こんどはクラシックだけでなく、ジャズやコンテンポラリーなど、さまざまなジャンルからも声がかかるようになります。こうして、私のレパートリーと演奏家としての技量は一気に広がっていったのでした。

　当時デュオを組んでくれた仲間たちには、今でも感謝しきりです。

《新世代のマリンバ奏者への期待》

　当時の自分を振り返りながら少し残念に感じるのは、マリンバのソロ演奏がごく当たり前のものになった現在でも、若い世代のマリンバ奏者で「この人は素晴らしい！」と手放しで感動できる人になかなか出会えないことです。

　老婆心ながら一言苦言を呈するとすれば、おそらく多くのマリンバ奏者は「単なる打楽器奏者」としての演奏しかしていないのではないでしょうか。ここでいう「単なる打楽器奏者」とは、オーケストラの大勢の楽器の中での音しか出せていない奏者、という意味です。

　楽曲がもつ真の意図を汲みとり、それを再現するための音の引き出し方を研究し尽くさなければ、中途半端なレベルの演奏にとどまってしまいます。ソリストとしても十分に通用するような、その人ならではの個性をもった音楽家を目指さ

ないと上達は見込めません。

マリンバの楽器としての地位をピアノやバイオリンに近づけていくためには、この楽器に携わる個々の演奏者それぞれが、楽曲に対する独自の解釈を確立しうるくらいのレベルにいたるまで自らの演奏を突き詰めてもらいたいと考えています。

ピアノやバイオリンのソリストたちは連綿と、そして今もなお、その努力を継続しているのですから。そして、そのような技術、演奏観を身につけるには、とにかく繰り返し繰り返し、しつこく曲を弾きこなしていくしかありません。私を驚かせるようなマリンバ奏者が登場することを、楽しみに待ちたいと思います。

《「良い楽器には良い音が宿っている」》

作曲家として、あるいは演奏家として、楽器に対して私がつねづね考えていることを最後にご紹介しておきます。

それは、「良い楽器には、そもそも良い音が宿っている」ということです。数多くのマリンバを演奏してきた経験からもそれは確かで、たとえば、福井県に本社を構える世界的なメーカー・こおろぎ社のマリンバは、世界一の音を宿していると感じています。

私は演奏家として、「自分の役割は楽器が本来、宿している最高の音を引き出すことだけだ」と考えています。演奏家がきちんと引き出しさえすれば、あとは楽器が勝手に響いてくれるのです。中途半端な技術で余計なことをすると、楽器は素直に鳴ってくれません。

そして作曲家としては、個性ある楽器たちが最も良い状態

で音を出せるよう「適材適所」の役割を与えることに注力しています。

 私がなぜ、マリンバに対してこれほどまでに愛着と敬意を表するのか。それは、木そのものの響きが最大限に尊重されているその性質にあります。マリンバを演奏するときはいつも、自然の木がもつ響きがそれを聴く私たちに与える良い影響には、計り知れないものがあると感じます。心地よさ、穏やかさ、平安……、こういった要素を大切に扱う楽器だからこそ、格別の愛着と尊敬の念を抱いているのです。

3－2 ピアノ ── 作曲の可能性を最大限に広げてくれる楽器

《作曲家はなぜピアノを愛するのか》

 最もメジャーな楽器の一つ、ピアノの話をしましょう。
「ピアノソナタ（奏鳴曲）」というタイトルの曲が世界中にたくさんあるように、作曲家たちは必ずといっていいほど、ピアノのための曲作りをした経験をもっています。その理由は、ピアノが世界中でポピュラーな楽器であるということだけにとどまりません。

 62ページで紹介したように、奏でられる音域が他の楽器に比べて圧倒的に広いことから、作曲の可能性になんらの制限を受けることなく、のびのびとチャレンジできる便利な楽器だからです。

 私自身は打楽器奏者ですが、8歳のときに初めて習った楽器はピアノでした。きっかけは、9歳年上の姉です。

 彼女は当時、プロのピアニストを目指して、ブルジュという、私たちが住んでいる町から少し離れた大きな街にあるコンセルヴァトワールに通っていました。20歳に満たない年齢

作曲のための「語彙」を増やす | 第**3**楽章

初めて習った楽器がピアノだった。
曲作りの可能性を広げてくれる便利な楽器だ。

でしたが、わざわざ一人暮らし用のアパルトマンまで借りてピアノに打ち込んでいた彼女は、アマチュアとしてすでに人前でコンサートもおこなうほどの腕前でした。

そんな姉がいたこともあり、私が生まれたときから、家の中ではショパンやモーツァルトがいつも鳴り響いていたのです。

私も、ある時期までは一生懸命にピアノを練習していたのですが、途中で辞めてしまいました。その理由はいかにも私らしいのですが、当時、基礎練習として弾かされていた『La Méthode Rose』という練習曲集が本当に退屈で、音楽的に耐えられなかったのです。

ピアノの基礎的な演奏技術を習得するという意味で、そうした練習曲が重要であることはよく理解していますが、少々ませた子どもだった私は、すでに自分なりの音楽的な感性をもっていて、練習曲の楽曲としてのつまらなさに、投げ出してしまったという次第です。

《音楽は楽しむもの ── 一流教師のため息》

　もう一つ、先生との相性の悪さも、早々にピアノから離れてしまった理由です。

　人のせいにしてはいけないのは重々承知していますが、当時、私にピアノを指導してくれた先生はかつて、豪華客船「フランス号」専属のオーケストラの指揮者を務めた人物でした。すでにセミリタイア状態にあったその先生は、出身地に貢献しようと地元のオーケストラの指揮者とコンセルヴァトワールのピアノ科の教師役を引き受けていたのです。

　最盛期のフランス号といえば、社会的なステイタスのある人々が利用する船でしたから、それを足場に一流の人々と交流のあった指揮者にとって、田舎のコンセルヴァトワールはどう見てもそぐわない場所でした。

　たとえば、マルセル・モイーズ（フルート）、ジノ・フランチェスカッティ（バイオリン）、ユーディ・メニューイン（バイオリン）、サンソン・フランソワ（ピアノ）、ロベール・カサドシュ（ピアノ、作曲）、アルトゥール・ルービンシュタイン（ピアノ）、ダリウス・ミヨー（作曲）、イゴール・ストラヴィンスキー（作曲）、ナディア・ブーランジェ（作曲）などの、そうそうたる音楽家と仕事をしてきた人だったといえば、当時の彼のようすをなんとなくイメージできるかと思います。

　幼い私にはそういう細かい事情はわかりませんでしたが、ピアノの先生は「ため息ばかりつく人生に疲れた人」に映っていて、楽しく音楽を学ぶという状態ではなかったのです。私が何か弾くたびに、「いや、そうじゃないんだよ……。は〜……」とがっくり肩を落とす姿を何度見たことか！　まして

弾かされるのは退屈な練習曲ばかりでしたから、徐々にピアノから遠ざかっていったのです。

音楽は、まず第一に「楽しむ」ものであるべきです。だからこそ音「楽」なのであり、ため息をつきながら教えたり演奏したりするものではありません。当時の私は、なんの未練もなくピアノと決別しましたが、のちに少々痛い目に遭うことになりました。

何年も経って、プロの音楽家を目指す決心をした際に、コンセルヴァトワールの必須科目としてピアノを習いなおす羽目になったからです。それほど、音楽におけるピアノの重要性が高いということの証拠です。

《最大の魅力はパワフルさ》

私なりのピアノ観というのがあります。

ピアノのいちばん便利な特徴は、たとえば10音を同時に弾いても、すべての音が聞こえるということでしょう。

モーツァルトの時代までは、作成したばかりの楽曲を試し弾きするための小型の鍵盤楽器として、クラヴィコードがポピュラーでした。やがて、クラヴィコードに匹敵する性能をもち、音量のより大きな便利な楽器として登場したのがピアノです。

ピアノの鍵盤を押さえると、金属弦の音が響板にポーンと響きます。現代の私たちは、ピアノの音に慣れ親しんでいるので、音そのものが面白いかどうかという観点で、ピアノの響きをとらえることは多くないでしょう。

私自身は、じつはピアノのモノコードな響きがあまり好きではありません。つまり、高い音は高音弦の、低い音は低音

弦の、いずれにしても定まった音しか響かないことに、退屈さを感じてしまうのです。

　和音を弾いたときも、金属弦の響きがしばらく続いた後にあっさり消えてしまうので、倍音のパワーは小さい楽器といえます。倍音のパワーに関しては、たとえばマリンバのような音盤が木製の楽器とは比較にならないくらい小さいのです。

　個人的には、基本的に金属音があまり好みではないということも、ピアノの印象を悪くしているかもしれません。たとえばバリ島の銅鑼のような、深い響きを醸し出す楽器は別格ですが、鉄琴の一種であるヴィブラフォンではなく、木琴の仲間であるマリンバを私が選んだ理由の一つも同様です。

　そんな私にも、ピアノの好きなところはあります。それは、何を差し置いても音の力強さです。かつて私のマリンバとデュオを組んでいた、ルドヴィクというリスト直系の孫弟子にあたる友人がいるのですが、彼のピアノの音ほどパワフルで美しいものはありません。他の弦楽器ではとうてい、ここまでのダイナミズムは生み出せないのではないか、というくらい迫力があります。

　このパワフルさこそ、作曲家としての私がピアノに惹かれる最大の特徴です。

《ピアノで作曲する際の注意点》

　ピアノは、作曲をする際の道具としてもたいへん役立ちます。先にも書いたように、10音を同時に弾いてもすべての音が聞こえるという特徴が、きわめて便利だからです。

　一方で、ピアノで作曲をすることの危険性も、十分に承知しています。最大のリスクは、ピアノを使ってフルートやバ

イオリンなど、他の楽器のメロディを作る際に、ピアノ上の指使いの範囲にメロディ展開が縛られて、フルートらしい、あるいはバイオリンらしいといった、各楽器の個性を尊重したメロディ作りができなくなってしまうからです。

　すなわち、作曲における"語彙"が制約を受けてしまうことがあるのです。

　ピアノは決して、オーケストレーション（＝オーケストラのために編曲すること）の縮小版的な手段ではありません。各楽器ごとの和声は、あくまでもピアノという枠から独立して考えられるべきです。

　ピアノ向けとしてはスムーズな音運びでも、マリンバに弾き替えたとたん、どうにも弾きづらかったという曲はいくらでもあります。たとえば、ダニエル・ゴヨンヌが1995年に発表したアルバム『il y a de l'orange dans le bleu』に収録されている「Roues」という曲は、その代表例です。

　ピアノの鍵盤を指で弾くぶんには難なくこなせる箇所でも、マリンバでは指の4〜5倍は長いマレットを2本、あるいは4本もって弾くため、マレットどうしが絡まないように、素早い動きが求められます。

　逆に、自分の腕のすごさを見せつけるために、あえて難解な指使いの曲を作って、他の誰もなしえないことを自ら弾きこなしてみせることで優位性を確立したのが、フランツ・リストです。彼が活躍したころは、ピアノが少しずつ主流の楽器に成り上がってきていた時代でした。

　リストは、自作自演のパフォーマンスで、自らの技巧の秀でたところを披露しましたが、それは、ピアノの頑丈さを徹底的に利用してやろうという、音楽における手段と目的が逆

転した現象でもありました。

楽器の進化に伴う、興味深いエピソードです。

3-3 バイオリン ── "不自然な楽器"の魅力

《「悪魔に魂を売った男」》

バイオリンはじつに複雑な楽器で、極上の音色を出すこともできれば、耳をつんざくようなひどい騒音を出すこともできる、両極端な面をもっています。

たとえば、バイオリンを習いはじめたばかりの子どもの出す音を聞いても、誰も心地いいとは思わないでしょう。ピアノやマリンバなどが、とりあえず鍵盤を押したり打ったりすれば、誰でも最初からある一定の音色を出すことができるのとは対照的です。

バイオリンはある程度習熟しないと、きれいな安定した音を出すことができません。このような楽器を、私は"不自然な楽器"とよんでいます。つまり、最初からきれいに弾かれることを想定せず、相当な訓練を強要する楽器なのです。

一方で、十分なトレーニングを積んでうまく操れるようになったら、聴く者の心を魅了し、ときには引きちぎるほどのパワーを秘めています。バイオリンの名手であるパガニーニが、「悪魔に魂を売った男」という異名をもつほどに聴衆を震撼させたのも、よくわかります。

《"ない者どうし"の補完関係》

私がマリンバとデュオを組むパートナーとしてバイオリンを選んだのは、そんなパワーのある楽器であることに加えて、マリンバにはないベースの音を作ってくれるうってつけの音

色をもっていると考えたからです。

　マリンバは、マレットとよばれるスティックで鍵盤を打つように弾く楽器であるため、物理的に連続音が出せません。一方、バイオリンは弓を使って弾くので、永遠に持続する安定した伸びやかな音を出すことができ、それが曲の足腰の部分を作ってくれるのです。

　同じ弦楽器どうしの構成でも、最下層の土台にコントラバス、その上の層にチェロ、さらに上にヴィオラ、そして最後にバイオリンが重なることで、それぞれのカバーする音域が下から少しずつ上がっていきます。これによって、幾重もの弦楽器の層ができ上がり、ベースとなる重厚な音をもたらしてくれます。

　そのいちばん上の層にあるのがバイオリンであり、単独でも曲のベースを創り出す力をもっていることが、この楽器の魅力だと思います。

　バイオリンとマリンバの組み合わせは、いわば"ない者どうし"の補完関係にあり、たいへん魅力的です。マリンバは木の響きと倍音の魅力に満ちあふれ、バイオリンは感情をゆさぶるビブラートをふんだんに利かせる弦の音をもっている——「このコンビネーションは面白い！」と感じたのです。

《技巧よりも組み合わせの魅力を》

　バイオリンは、弓の質と、バイオリン本体の質、そして奏者の腕、この三位一体があって初めて、神々しい音を出すことができます。したがって、たとえストラディバリウスのような名器であっても、名手の腕にかからないときちんと鳴りません。

10代のころと違って、20代になって作曲家として曲を書きはじめてからは、技巧的な演奏にはあまり興味をもてなくなりました。それは、私自身がマリンバの演奏家として、パガニーニやリストのようなさまざまな超絶技巧曲を披露する経験をたくさん重ねて、「確かにすごいかもしれないけれど、これで聴衆から喝采を受けても、なんだか自慢大会みたいだ……」という違和感が徐々に強くなっていった経緯もあったからです。

　確かに、世の中の大半の奏者は「いかに技巧的に弾けるか」ということに満足しているフシもあり、それは、音色で誰かの心に語りかけることとは根本的に違う行為です。

　それよりも、マリンバとは異なる個性をもつ楽器が組み合わさったときに、どういう化学反応が起きてどんな新しい魅力が引き出されるのか、といったことのほうに興味が移っていったのです。

　たとえば、1960年代や70年代のロックはよく、オルガンをベース音に使っていました。シンセサイザーが普及した80年代以降は、その音をひんぱんにベースに使っています。

　私はそのような、オルガンやシンセサイザー単独での使い方ではなく、個々の特徴を活かした楽器の組み合わせ方を工夫することに興味があり、それでこそ楽器の魅力が活きてくる、と感じていました。

　バイオリンの音も、そんなふうにとらえています。

3−4　クラシックギター ── マリンバに光をくれた共感の楽器

《音を探り当てるように弾き込む》

　ギターは、ロックに憧れた世界中の男の子たちが、初めて

弾いてみる楽器候補のナンバーワンじゃないかと思うくらい、ポピュラーな楽器です。

ところが、クラシックギターというカテゴリーに限ると、とたんに渋くて狭い世界に入り込みます。その渋くて（地味で？）狭いところが、マリンバとよく似ているので、私は若いころからクラシックギタリストにつねにシンパシーを感じてきました。

ポピュラーミュージックで使われるギターのほとんどは金属弦ですが、クラシックギターの場合はナイロン弦で、音に丸みがあり、この点がまず、この楽器のいちばん素敵な特徴だと感じます。

さらに、音を探り当てるように弾き込むことができる点も、クラシックギターの大きな魅力でしょう。やや乱暴な言い方をすれば、押せば鳴るピアノに対して、クラシックギターが一筋縄ではいかない音作りをしているところもたいへん気に入っています。

これもまた、マリンバとの共通点です。なぜなら、マリンバもまた、マレットの選択や音盤の叩き方ひとつで、音が壊れたり、楽器そのものが活き活きしだしたりと、天国と地獄ほどの差が生まれる繊細な楽器だからです。

《マリンバとの共通点》

私のクラシックギターへの愛は、幼少期に知らず知らずのうちに培われていきました。

母が大のクラシックギターファンで、特に、伝説のデュオであるイダ・プレスティとアレクサンドル・ラゴヤのLPをすべて揃えていました。プレスティ＆ラゴヤ夫妻は、歴史上、

最も成功したクラシックギターのデュオで、家の中ではしょっちゅう、彼らの曲が流れていました。

　彼らによる一流の演奏に耳が慣れていた私は、クラシックギターの曲の作り込み方や弾きこなし方に自然と馴染んでいきました。やがてマリンバソリストとしての方向性を模索する時期には、プレスティ＆ラゴヤのスタイルが私のモデルとなったのです。

　ギターにはバイオリンのような弓が介在しないので、指使いがそのまま音に反映します。この点も、マリンバとよく似たクラシックギターの特徴です。さらに、奏でられる音階の範囲も、クラシックギターとマリンバはかなり重なっています。

　そのため、楽譜をそのまま使うことができ、効果の入れ方や響かせ方も、ギターのそれを参考にすることができました。私のレパートリーには自然に、フランシスコ・タレガやフェルナンド・ソルなどのスペインのクラシックギターの作曲家をはじめ、イサーク・アルベニスのようなピアノ曲から多数、ギター用に編曲されたものも取り込まれ、彼らの曲作りについても深く学ぶようになりました。

《運命を変えた友人の一言》

　また、クラシックギタリストは、コンセルヴァトワールでも他の学生とは別行動をとることが多く、そういうところもなんとなく気が合い、仲良くなっていきました。私はいつのまにか、パリ中のクラシックギタリストたちと友人になっていました。

　その中に、ほとんど毎日のように会っていた当時の大親友、

シモンがいました。シモンは、偶然にもあの巨匠、アレクサンドル・ラゴヤの弟子でした。

シモンとは、音楽について、それぞれのソリストとしての道の行く先について、連日連夜、語り合う仲でした。マリンバのソリストとしての道を少しずつ固めつつあったその当時、私の心の中にはまだどこか迷いがあり、どっちつかずの心情を映すように、じつはドラムの練習も並行してずっと続けていました。

そんなある日、ドラムの腕をシモンに見せたところ、彼は一言、こういってくれたのです。
「あのさ、フランソワ。ドラムを叩いた後に、そんなに汗だくになって、精根尽き果てるようだったら、君はたぶん、ドラムのソリストには向いていない。それより、君はマリンバのソロに向いているよ」

彼の静かで愛情に満ちた物言いが、私の心に深く突き刺さり、その言葉をきっかけに、私はドラム奏者の道をきっぱりと諦めることになったのです。

天才バイオリニストとして知られるパガニーニが、じつはギタリストでもあった事実はあまり知られていません。そしてこのことは、クラシックギタリストたちの誇りでもあります。

そのエピソードを初めて聞いたとき、私は、パガニーニの書いた曲に興味をもちはじめました。また、フランスの作曲家、ベルリオーズもギタリストでした。フランスの旧紙幣には、ギターを持つベルリオーズの肖像画が描かれており、これもまたギタリストたちの自慢でした。

マイナーでありながらも、きらりとした存在感を放つクラ

シックギターの立ち位置から、若き日の私はマリンバにも同様の可能性を見出したのです。

3−5 フルート ── 14歳の天才少年が教えてくれた魅力

《音楽学校のクラスメート》

幼少期の私は、フルートにはさほど興味がありませんでした。
「ああ、オーケストラの構成メンバーの一つだよね」といった程度だった関心の持ち方が、ある出来事をきっかけに、がらりと変わりました。それは、のちに世界的フルート奏者となった天才少年、ヴァンサン・リュカとの出会いでした。

彼と初めて会ったのは、電車の中でした。私が18歳、ヴァンサンが14歳のときで、それぞれの実家からパリのコンセルヴァトワールまで、長距離列車に乗って毎日通っていたのです。私はブルゴーニュから片道2時間を、ヴァンサンはさらに遠くのクレルモンフェランから4時間をかけて通学していました。

コンセルヴァトワールの学生には、パリに住居を借りずに、私やヴァンサンのように全国各地の地元から遠路はるばる通ってくる若者がたくさんいます。理由は単純で、パリに住むにはお金がかかるからです。ただでさえ貧乏音楽学生である一方、フランスでは25歳まで電車賃の割引が利くため、時間をかけてでも実家から通ったほうが安上がりなのです。

やがて、パリやその近郊で音楽の仕事が確保できるようになると、学業との両立を考えてようやくパリ暮らしを始めます。私の場合は、パリでの生活を始めるまで、コンセルヴァトワールへの入学から半年かかりました。

《夢の世界の住人たち》

　長距離通学をともにすることで、音楽学生仲間とは自然と車中で顔見知りになります。必ず楽器をもって移動しているので一目でそれとわかり、お互いに声をかけやすいのです。

　ヴァンサン・リュカも、そうして知り合った一人でした。よく列車のカフェテリア車両で落ち合い、そのときどきの課題曲や作曲家の話、そして何よりも私たちが好きだった流行りのアーティストの話を延々と語りあったり、聴いたりしていました。

　アル・ジャロウ、マイケル・フランクス、UZEB、タニア・マリア、そして、マルシア・マリアなど、年ごろの男子らしく、クラシック以外のジャズやロック、ポップスに惹かれていました。一方で音楽家らしく、他ジャンルのアーティストでも、歌や楽器の名手に反応するのは、私たちがもつ興味のアンテナの共通項でした。とにかく私たちは、自分たちもまた、音楽的に質の高い名手になりたいという夢を抱いていました。

　音楽家をしていて面白いのは、自分もプロとして活動するようになると、当時は憧れだったタニア・マリアのベーシスト、マーク・ベルトーと一緒にアルバムを２枚もレコーディングすることになったり、タニアのドラマーであるアンドレ・セカレリ（セカレリ家はドラム界の名家）の弟が私のドラムの師匠になったりすることです。

　夢や憧れの世界の住人たちと、いつのまにか時間や空間を共有する仲になっているのです。まあ、実際にその世界の住人になってみると、それはそれでたいへんなのですが。

なかでも、マルシア・マリアとはとても近しい友人になりました（ちなみに、タニア・マリアとマルシア・マリアは、ともにブラジル人ですが親戚関係ではありません）。

《人間国宝の尺八奏者と共演》

ヴァンサンはその後、ベルリン・フィルで活躍し、さらにパリ管弦楽団の首席フルーティストに就任して、華々しいキャリアを築いていきました。現在は、古巣であるパリのコンセルヴァトワールの教授を務めるかたわら、ソリストとして世界中で活躍しています。

そんなヴァンサンの演奏を聴いて初めて、私はフルートの魅力を噛みしめることになりました。

彼は、細やかな演奏から伸びやかなツヤのある響きまで、なんでも吹きこなせる、まさに「天才」です。14歳の天才が奏でる響きを直に耳にして初めて、私はフルートの真の魅力に目覚めたのです。なんとも幸運なきっかけでした。

ヴァンサンのような名手が吹くフルートは、アタック（音の出だしの発音）とピッチの変化にその魅力が最大限に表れます。アタックでは、あんなに小さな楽器なのにティンパニくらいのパワーも出せて、ピッチが変化する際には非常に官能的な音が出せます。

人間らしい、ナチュラルでフレッシュな音色を口から直接、吹いて出せるというのは、私にとってはなんとも新鮮な驚きの連続でした。しかも、23ページで紹介したように、人類最古の楽器として出土しているのが笛（フルート）だというのも、ロマンのある話です。

そんなフルートの魅力に気づいて、フルートとマリンバの

デュオ曲として書き上げたのが「Champ de Mars」でした。この曲は現在も、ヴァンサン・リュカと、私のマリンバの後輩であるエリック・サミュがコンサートで折に触れてデュオで演奏してくれています。

フルートの魅力を認識して以降、私は、マリンバと笛系の楽器のコンビネーションの妙に興味をかき立てられるようになりました。

印象深いのは、尺八奏者の故・山本邦山（人間国宝）とのコラボが実現したことです。私と共演したいというラブコールを日本からいただき、フランスに招待して一緒にアルバムを収録しました。製作費に余裕がなかったために、友人の城を借りて（フランスには腐るほど城があるのです）、冬の寒い中そこで収録をしたのも、今では良い思い出です。

3-6 オーボエ ── 世界で最も演奏が難しい楽器

《17歳で世界の一流ポストを射止めた少年》

オーボエは、姉がよく家で吹いていたので馴染みのある楽器ですが、じつはあまり好きではありません。なぜなら、下手な人の手にかかると、まるでアヒルが鳴いているみたいなひどい音が出るからです。

ところが、どんな楽器でもそうですが、一流の演奏者が奏でると、まったく異なる音が鳴ります。

その一流の演奏者の一人に、フランソワ・ルルーという大親友がいます。前節で紹介したヴァンサンのフルートとまったく同じで、私はフランソワの演奏を聴いて初めて、オーボエをいい楽器だと思ったのです。

彼と親しくなったきっかけがまた鮮烈でした。当時、フラ

ンソワは17歳、私は26歳でした。

　パリ中心の一等地に、「Cité Internationale des Arts」という世界の芸術家に住居やアトリエを提供する財団があり、私たちはそこで、スタジオ兼住居が隣どうしだったのです。

　ある晩、私が自室でマリンバの練習をしていると、誰かがドアをノックしてきました。ドアを開くと、そこに彼が立っていました。そして、申し訳なさそうにこういったのです。
「はじめまして。私はフランソワ・ルルー、オーボエを吹いてます。じつは明日、オペラ座管弦楽団の首席奏者の審査試験が控えていて、早めに休もうと思っているんです。音楽家のあなたにこんなことをお願いするのは、たいへん失礼であることを承知で来たのですが、今夜だけ、練習を控えていただくことができたら、とてもありがたいです」

　音楽の世界には、一流の演奏者にしか務まらないスターソリストのポストがあります。それらは、有名な交響楽団のソリストという形式を取ることが多く、パリのオペラ座管弦楽団の首席オーボエ奏者もまたその一つです。そのポジションを明日、弱冠17歳の隣人が得るかもしれないと聞いて、私は二つ返事で練習を中止しました。

　その2日後、ふたたびフランソワがやって来ました。
「無事に受かったよ！　協力してくれてありがとう」
　こうして、私たちは仲良くなったのです。

《愛する演奏家のために曲を書く》

　フランソワ・ルルーは、オーボエが本来、物理的に出すことが難しい音程までもきれいに出してしまう稀有な演奏者です。隣人であることを活かして、私はほとんど毎日のように

彼の演奏を聴いていました。それ以来、私にとってのオーボエの音色は、フランソワの出す音色が基準になりました。

世の中に出回っている多くのオーボエ曲の狙いが「ほら、こんなに指が回るぞ。息も続くんだぞ、すごいだろ」といった感じの、演奏技術の自慢大会みたいになっていることに辟易していた私は、フランソワの伸びやかで美しい独特の音色をもっと聴きたくて、彼のために趣向を凝らした曲をいくつも書きました。

じつは、作曲家が特定の演奏者の音に惚れ込んで、その音をもっと引き出したい、聴きたい、という思いから曲を書くことはとても多いのです。たとえば、ハイドンの「交響曲第103番、変ホ長調」は「太鼓連打」の一般名称で知られていますが、第1楽章の冒頭と最後に、ティンパニの派手な見せどころがあることで有名になりました。じつはこの部分は、ハイドンがお気に入りのティンパニ奏者のために書いたものなのです。

私がフランソワのために書いた曲の一つをご紹介しておきましょう。

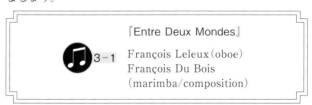

『Entre Deux Mondes』
François Leleux（oboe）
François Du Bois
（marimba/composition）

オーボエのリードの作り方を教えてくれたのも、もちろんフランソワです。

オーボエは、ダブルリードという、2枚のダンチク（暖竹）

でできた薄片を合わせたものを楽器に装着して吹きます。リードを作るのは演奏者本人の大事な仕事で、手先が器用で細かい細工が好きでないと、この楽器の奏者には向いていません。

　リードをささっと削って水で濡らし、ブーッと吹いて試す彼の姿を見ていて、「かっこいいなあ」と思ったものです。リードはとても繊細な部品で、短ければわずか10分ほど、長くても1週間も持てばいいほうというはかない寿命です。

「世界で最も演奏が難しい楽器」という、栄誉なのか嫌がらせなのかよくわからないギネス記録ももっているオーボエ。難しいからこそ、きちんと向き合わないとアヒルの鳴き声が出てしまうわけです。

　ちなみに、フランソワ・ルルーの奥さんは、日本でも大人気のバイオリニスト、リサ・バティアシュヴィリです。

第4楽章

作曲の極意
——書き下ろし3曲で教えるプロのテクニック

4–1 まず「モード」から始めよ

《作曲とは「国外への旅」である》

曲を作る——。

作曲経験のない人（多くの方はそうですよね？）にとっては、なんだかとても大胆で、「とうてい無理！」と感じられるのではないでしょうか。

初めて曲作りをするときには、知らない世界に足を踏み入れるわけですから、こわごわ慎重になる人もいれば、好奇心の赴くままに突き進む人もいるでしょう。それこそ、個性的なアプローチに満ちていて、正解などありません。そして、それでいいのです。

じつは、世界で活躍する有名作曲家たちのなかにも、音楽大学などで専門的な教育を受けた経験のない人がたくさんいます。では、彼らは何を学んでいたのか？

そこが音楽の面白いところで、かつて数学や建築を学んだ人、つまり、理系人が少なくないのです。ある有名な作曲家の一人が、天文学者でもあることは、本書の読者ならよくご存じかもしれません。そう、クイーンのギタリスト、ブライアン・メイです。2019年4月にブラックホールが初めて撮影された際にも、コメントをしていましたね。

音楽専攻ではなく、理系の学問を修めた音楽家がたくさんいる事実を見ると、「作曲」という概念に広がりを感じます。前章までに見てきたように、「理論」や「法則」を知ることで、専門教育を受けた経験の有無を乗り越えられる余地が、曲作りにはあるのです。

もう一つ、作曲に対する心のハードルを下げるための喩え

話をしてみましょう。

　作曲の世界に足を踏み入れるのは、母国を離れて、どこかよその国を訪ねるのと似ています。これはもちろん比喩ですが、その両方を何度も経験している私にとって、本当によく似ていると実感していることでもあります。

　外国へ旅するとき、その手段はたくさんあります。陸からだったり空からだったり、あるいは、海からということもあるでしょう。

　そして、空路を選ぶにしても、ジェット機やプロペラ機、ヘリコプターと、選択肢はさらに増えていきます。陸路であれば、電車に車、自転車に徒歩と、こちらもさまざまな方法を選ぶことができる。いわば、入国する人の数だけ、個性的なアプローチがあっていいわけで、気後れする必要などまったくありません。「どれもあり」なのです。

　これと同じで、作曲の世界に足を踏み入れる道筋もまた、バリエーション豊かです。「ちゃんとした音楽教育を受けていないから」「自分には才能がないから」、そんな謙遜もコンプレックスも、いっさい必要ありません。

　どうかみなさん、自分にとっていちばんくぐりやすい入り口を探してみてください。そのお手伝いを、この章でしてみたいと思います。

　本章では、私自身が「これはいいなあ」「楽しいなあ」と個人的にお勧めしたい方法や考え方を、少しずつ解説していきます。もちろんこれに限らず、音楽に親しみ、曲作りに関心をもつ道筋はさまざまですし、ここで紹介するルートとは違う経路を進んでいただいてまったくかまいません。特に初心者のみなさんにこそ、作曲をする楽しみや醍醐味に触れても

らえたら、嬉しいかぎりです。

《私も自信がありませんでした》

まずは、私がマリンバのソリストから作曲家になったきっかけから、話を始めることにしましょう。

音楽家になるための勉強の一環として、もともと作曲も学んではいました。本書でも紹介してきた対位法や和声法など、オーソドックスなクラシックの手法に始まって、有名なジャズの作曲家について個別指導を受けたりもしていました。

でも、頭の中ではずっと「自分はソリストになる」、つまり、誰かが作った曲を演奏する側の人間であるという思い込みが強かったために、曲作りにはなかなか手が伸びなかったのです。

それでも、必要に迫られて作曲に取り組みはじめたのは、マリンバのソロ曲のレパートリーが極端に少なかったことが原因でした（第3楽章参照）。レパートリーが十分にないと、コンサートを開くことができません。当初はクラシックギターの曲などをマリンバ用に編曲してしのいでいましたが、やがてそれでは足りなくなってしまったのです。

もう一つ、私が作曲に取り組まざるを得なくなった理由として、当時所属していたTBMTというグループでアルバムを出すことになったことが挙げられます。メンバー全員が1曲ずつ新曲を提供するということになって、ほとほと弱ってしまったのです。

どうにかこうにか1曲書き上げてみたら、意外にもメンバーから褒められ、これに背中を押されるかたちで、少しずつ曲を書きため、徐々に自信を積み上げていきました。

それからしばらくして出した、私のファーストソロアルバム『Entre Deux Mondes』が、「作曲には自分のペースでゆっくり取り組めばいい」という、とても良い例になると思います。なぜなら、アルバムの半分は私自身の曲、残り半分は他の人が作った曲で構成されているからです。

　このアルバムをリリースした当時はまだ、全編を自分の曲で埋め尽くす自信はありませんでした。こういう自信のなさというのは私に限らず、クラシックの演奏者として育った人間にはよくある話です。音楽の勉強をしっかりして、一定の知識を得てしまったからこそ、歴史に名を刻んだ大作曲家たちの楽曲を前にして、自分にいったいどんな曲が作れるだろう？──誰もが自分を過小評価してしまうものだからです。

　でも、自信などというものは結局、後からいくらでもついてくるのではないでしょうか？

　まずは一歩目を踏み出すこと。その先に続くステップをたどっていけば、やがて思いの外遠くまで来ていることに気づくのです。私自身も、今では自分が書いた曲しか演奏しなくなり、マリンバCDの売り上げ世界一の認定をいただく栄誉にも浴しました。

　何にでもはじめの一歩がある──そう肝に銘じて、最初の音符を書き込んでみましょう。

《作曲初体験の学生たちに教えたこと》

「はじめに」でもお話ししたとおり、私は来日当初、慶應義塾大学の「音楽専攻ではない学生たち」を相手に作曲法を教えていました。そのころ、彼らには"ちょっと普通とは違う"方法で、曲作りに挑戦してもらっていました。

それは、「モード」とよばれる中世ヨーロッパの古い音階を使う方法です。モードは、別名「教会旋法(せんぽう)」ともいわれ、「グレゴリオ聖歌」などがまさにこの音階で書かれています。

　作曲の授業は通常、誰もが慣れ親しんでいる「ドレミファソラシド」のような調性音楽をベースにおこなわれます。長調（メジャー）を使えば明るい曲調が生まれ、短調（マイナー）ならば暗い曲調になるといった、ごく一般的なところから教えていくのが普通です。

　私はどうして、そのスタンダードな道を避けたのか？

　その道筋がおそろしく単調で個性の見えない、ありきたりな曲づくりに突き当たりそうでいやだったからです。

　ラモーが18世紀に確立した「和声学」をベースとする「現代の曲の構造」。それはもちろん重要で、まさしく現代音楽の基礎ではあるのですが、いったんそこから離れ、馴染みの薄い教会旋法という"非日常"にトリップしてもらうほうが、きっと楽しいはず！――そう考えての、私独自の教育法でした。

　初めて曲を作る学生にとって、右も左もわからない世界に導かれるのは、「何これ？」「聴きなれない感じ」といった違和感でいっぱいです。それが好奇心を刺激してくれます。そのようにしてエスプリを開いていくプロセスこそ、教育の世界で最も重要なことなのではと感じていたのです。

　長調や短調という基礎的ではあるけれど少々カタイ概念をまずははずして、できるだけ柔らかい頭で作曲の世界に足を踏み入れてもらうことで、「正しい／正しくないという二項対立的な価値観が存在しない自由」を味わってほしかったのです。

音楽はそもそも、聴く者のエスプリを一瞬にしてこじ開けるほど、絶大なパワーを秘めたツールです。そんな素晴らしいツールを手にしようとしている若者に、陳腐な曲調を教えても何の足しにもなりません。

かつてドビュッシーが20世紀初頭に、「調性音楽なんかもういらない！」とばかりに型破りな曲をどんどん発表し、世の中に新鮮な風を吹き込んだ気持ちが、私にはとてもよくわかります。だからこそ、現代の曲調に慣れすぎている日本の学生に、「慣れない音階」でひとしきり遊んでもらおうと思ったわけです。

本書でも、その方法を踏襲します。

《教会旋法とは何か？ ── 白鍵しか登場しない音階》

それでは、教会旋法とはいったい、どのように個性的な音階なのでしょうか？

まずは、図で示しましょう（次ページ）。

この7つが、「教会旋法」とよばれるものです。

図の左側が中世からの名称で、右側が現代の名称です。小・中学校の音楽の時間に「リディア旋法」や「ドリア旋法」などの言葉を聞きかじった記憶がないでしょうか？

場合によっては、それらを古代ギリシャ旋法の名称として習った可能性もありますが、同時に、教会旋法の名称として習った人も多いはずです。ただし、じつはこれらの旋法は、古代ギリシャ旋法から中世へと発展して現代に伝わっているわけではなく、両者はまったくの別物なのです。

名称だけを流用したという、きわめてややこしい話があるのですが、余計な混乱を避けるために、ここではこれ以上触

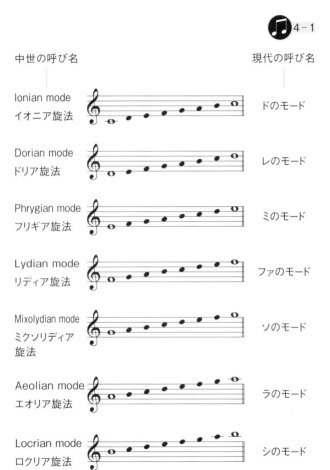

れません。本書では現代の名称も併記しましたので、ぜひご確認ください。

さて、教会旋法の最大の特徴は、ピアノでいえば白鍵だけを使った音階であることです。

どの音から始まる旋法においても、使われている音は「ハ長調」に登場する白鍵「ドレミファソラシド」だけ。始まりの音がレになったら、そのまま「レミファソラシドレ」がレのモード、ファになったら「ファソラシドレミファ」がファのモード……という具合に、いくら名称が変わっても、黒鍵はどこにも登場しません。わかりやすい！

《ドビュッシーが愛した旋法》

それでは早速、教会旋法を順番にチェックしていきましょう。

まずは、「イオニア旋法」とよばれる「ドのモード」です。

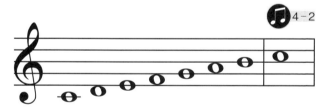

このモードを使っている代表曲は、ベートーヴェンによる「交響曲第9番」の「喜びの歌」でしょう。あるいは、同じくベートーヴェンの「交響曲第5番」の「運命」の第4楽章もそうです。

両者をぜひ、聴き比べてみてください。「同じ旋法、旋律使いだな」ということが、わかると思います。

少し技術的な話をすると、ドのモードは、「全音・全音・半音・全音・全音・全音・半音」という並びの開きで構成されています。
　そして、すべての教会旋法が、必ず「全音5個と半音2個」の組み合わせの開きのみで構成されているのです。
　その理由は、ピアノの鍵盤を見ればすぐにわかります。先にも述べたとおり、すべての教会旋法が、ピアノの白鍵だけで構成されているからです。
　それらの「並び」によって、旋法の名前が変わります。たとえば、「半音・全音・全音・全音・半音・全音・全音」は、「フリギア旋法＝ミのモード」といった要領です。
　続いて、「ドリア旋法＝レのモード」を見てみましょう。

　レのモードは、「全音・半音・全音・全音・全音・半音・全音」という並びになっています。
　この旋法を用いた代表的な曲は、J・S・バッハのその名も「トッカータとフーガ　ドリア調」をはじめ、シベリウスの「交響曲第6番」の冒頭部分、教会旋法が大好きなドビュッシーによる『夜想曲』の「祭」などがあります。
　ジャズでいえば、あのマイルス・デイビスの「So What」や、世界中の誰もが知っているポップス、サイモン＆ガーフ

ァンクルの「スカボロー・フェア」もこのモードです。

《『E.T.』の名場面で流れるあの曲の旋法は?》

次に、「フリギア旋法＝ミのモード」を見てみましょう。

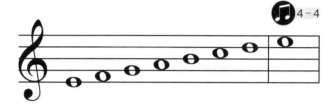

先述のとおり、ミから始まって、「半音・全音・全音・全音・半音・全音・全音」です。

こちらの代表曲には、リストの「ハンガリー狂詩曲第2番」や、リムスキー＝コルサコフの「シェエラザード」があります。この2曲が共通の雰囲気を分かち合っているのは、聴いてみるとすぐわかりますね。

他に、ブルックナーの「交響曲第8番」の第1楽章と第3楽章もそうですし、ロック好きのみなさんには、ジェファーソン・エアプレインの「ホワイト・ラビット」があります。

現代音楽では、ミニマル・ミュージックの大家、フィリップ・グラスが書いたオペラ『サティアグラハ』の第3幕の最後のアリアがミのモードで書かれています。

ジャズに目を移せば、マイルス・デイビスとギル・エヴァンスによる「ソレア」があります。

続いて「リディア旋法＝ファのモード」です。

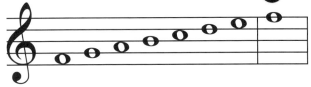

　ファから始まって、「全音・全音・全音・半音・全音・全音・半音」と並んでいます。

　こうして繰り返し書いていくと、徐々に並び方が暗記できるようになってきますね。

　このモードを使った曲には、「ドイツ音楽の父」とよばれるハインリヒ・シュッツが書いた「ルカ受難曲」に始まり、日本でもCMでよく使われてきたショパンの「英雄ポロネーズ」や「3つのマズルカ」、シベリウスの「交響曲第4番」、ムソルグスキーのオペラ『ボリス・ゴドゥノフ』の第3幕の楽曲、プロコフィエフの交響組曲「キージェ中尉」などがあります。

　ショパンはピンと来ても、それ以外の人たちには馴染みがないかもしれません。そのような人には、アメリカのアニメーション「ザ・シンプソンズ」のテーマソングの冒頭などはいかがでしょう？　あるいは映画『E.T.』で最も有名なシーンである、主人公とE.T.が自転車に乗って月を背景に空を飛んでいく場面で流れる曲「フライング・テーマ」（ジョン・ウィリアムズ）なども、ファのモードによる楽曲です。

《「ユー・リアリー・ガット・ミー」と「ノルウェーの森」の共通点》
「ミクソリディア旋法＝ソのモード」はどうでしょうか。

作曲の極意 | 第4楽章

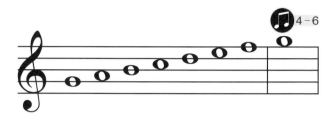

　ソから始まり、「全音・全音・半音・全音・全音・半音・全音」と並んでいます。

　ソのモードの代表曲は、ドビュッシーのピアノ前奏曲「沈める寺」、バーンスタインのバレエ音楽「ファンシー・フリー」に登場する「ダンソン」、あるいはロックバンド、ザ・キンクスの大ヒット曲「ユー・リアリー・ガット・ミー」があります。最後の曲は、ヴァン・ヘイレンなどにもカバーされていますね。

　あるいは、ビートルズの「ノルウェーの森」も、まさにこの旋法で書かれた曲です。そして、スコットランドの伝統的な音楽も、このモードで書かれています。

「エオリア旋法＝ラのモード」も確認しておきましょう。

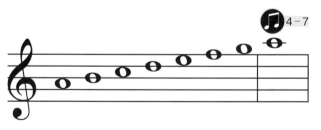

　ラから始まって、「全音・半音・全音・全音・半音・全音・全音」という並びです。

代表的な曲は、ボブ・ディランの「見張り塔からずっと」やR.E.M.の「ルージング・マイ・レリジョン」などです。だんだん暗い雰囲気になってきましたね……（笑）。

　その暗さを上手に活かしたのが、フォーレの「月の光」です。ラのモードを使うことで、月光の淡さとほのかに物憂げな雰囲気を創り出しています。

　最後に、「ロクリア旋法＝シのモード」を見ておきましょう。

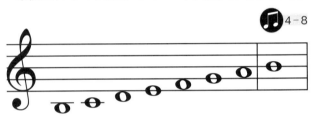

　シのモードは、7つの教会旋法のなかで最も暗い旋法で、そして、ほとんど使われていません。

　これらのモードを単独で使うだけでなく、複数のモードを組み合わせた猛者もいます。バルトークの「バイオリン協奏曲第2番」の第1楽章冒頭部分が、その代表例です。

　これで基本の教会旋法を網羅しましたので、いよいよこれらの旋律を使って、曲を作ってみましょう！

《五線譜を用意しよう》

　手元に五線譜を用意しましょう。

　五線譜（あるいは五線紙）は、次ページのものを拡大コピーして利用していただいてもかまいませんし、インターネッ

作曲の極意 | 第4楽章

トからダウンロードすることもできます。使いやすそうなものを選んでプリントアウトしてください。

これにまず、「ト音記号」を書き入れます。

次におこなうのは、拍子を決めることです。ここでは、3拍子にしてみましょうか。

最も基本的な4分の3拍子、つまり、一つの小節に4分音符が3つ入るスタイルを選んでみましょう。ト音記号の隣に、4分の3拍子と書き入れます。

次に、適当な旋法を選んで、好きなふうに音を並べていってください。

ここでは、ドから始まる「イオニア旋法＝ドのモード」を選んでみます。主音はドです。

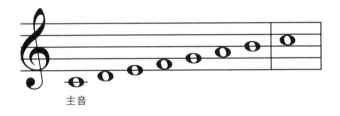
主音

《五線譜に音符を書き込もう》

いよいよ、五線譜に音符を書き込んでいきます。

その際、ピアノをおもちの方はぜひ、ご用意ください。もっていない人は、スマートフォンやパソコンでバーチャルピアノの鍵盤を映し出して、鍵盤を弾きながらおこなうと、とてもわかりやすいですよ。

何からどう並べればいいのか。なにしろ初めてですから、

音の並べ方に戸惑うはずです。でも、「作曲の世界に足を踏み入れる道筋はバリエーション豊か」でいいのです。好きな音、気になる音をちりばめながら、臆せず自由に書き込んでみましょう。

この段階ではまだ、拍子も何も考えずに、音符を白い丸で書き入れていきます。

その際、一つだけ「わかりやすい決まり」を作っておきましょう。「これがドのモードであるイオニア旋法だなあ」と聴いてすぐわかるように、主音のドが必ず、一呼吸とるあたりで出てくるようにメロディを作るのです。

これは絶対のルールではありませんが、初心者としてはこのような「目印」があることで、とてもわかりやすく、安心して進められると思います。ただし、曲の頭を必ずしも主音（この場合はド）から始める必要はありません。

ドの旋法＝イオニア旋法

ひとまず、4小節分だけ音符を入れてみたのが上図です。

第1楽章でも見たとおり、単に音符を入れただけでは、どの音がどれくらいの長さなのか判断できません。そこで次に、それぞれの音の長さを決めてみましょう。

4分の3拍子ということは、一小節の中に4分音符が3拍分、入っている必要があります。書き入れた音符の数を見な

がら、適当な長さを与えてみます。

たとえば、次図のような感じです。

《好きな「音の並び」を探す》

この調子で、9から16小節分くらい書き進めてみましょう。

ピアノの鍵盤を使って音を確かめながら、あくまでも好きなイメージで音を並べていきます。

「こうしたらきれい」「こうしたら心地いい」「こうしたらどこかで聴いたことある音」「こうしたら陳腐」「こうしたら気持ち悪い」……。音の並びを確認すると、そんな感覚が自然と湧いてくるでしょう。

自分はどんな音の並びが好きなのか、あるいは嫌いなのか。みなさん自身の"感覚"を研ぎ澄ましながら、感じるままに

音を鳴らして、音符として書き出してください。

　他の人が心地いいと思う音と、自分がそう感じる音とでは、微妙に違って当たり前です。あるいは、人類に共通した普遍的に心地よい音というのも、あるかもしれません。そういった微細な感覚を養い、磨き上げていくには、自分の手で鍵盤を叩いてみて、耳で確認して、という地道な作業が欠かせません。

　もちろん、良質な音楽をたくさん聴いて、耳を肥えさせることも大切です。しかし、まずはともかく自分なりの音探しをしてみること。その先に、第１楽章や第２楽章で覚えた定理や法則が生きてきます。

「足し算」をするにも「かけ算」をするにも、まずは計算の対象となる数字がなくては始まりません。この「音探し」は、「足し算」や「かけ算」をするための準備、いわば助走なのです。

《移調にチャレンジ！》

　９〜16小節ほど書き上げたら、こんどは別の旋法や拍子でも書いてみましょう。

　たとえば、４分の３拍子ではなく８分の３拍子なら、８分の２拍子なら……、といった具合に、練習代わりにどんどん五線譜を埋めていってください。

　例として、８分の３拍子の場合を次ページの図に示します。

　少しずつ慣れてきましたか？

　こんどは、「移調」に挑戦してみましょう。

　第１楽章でも紹介したとおり、移調とは、主音を変えながら、同じ音程を保った状態で曲を書き換えることです。

たとえば、ドのモードをミで始まるように移調してみましょう。この場合、ミはホの音ですから、ホ長調になるように譜面を調整します。次図が、ホ長調の基本形です。

ホ長調

ファ・ソ・ド・レに♯（シャープ）がつくのは、移調前のドのモードにおける隣どうしの音の開きが、「全音・全音・半

音・全音・全音・全音・半音」だったことに起因します。その開きをミから始まる音階でも再現するために、音程の開きの足りない箇所にシャープをつけて調整しているわけです。

上図のほかに、次のような書き方もできます。

ホ長調

どちらの譜面も、まったく同じ音階を示しています。違いは、先の図が「ファ・ソ・ド・レ」が登場した時点でシャープをつけて、その都度「ここはこう弾いてください」と指示しているのに対し、上図の場合は、ト音記号の隣で「ファ・ソ・ド・レ」にはシャープがつきますよと事前に断り書きがしてあることです。

ルールがわかったところで、早速、180ページで書いた16小節のメロディⒶをホ長調に移調してみましょう。「主音ド」→「主音ミ」は3度の開きなので、すべての音を3度ずらして記入するだけでOKです。

Ⓑ Ⓐの移調 ♩=120

《似ている曲が「なぜ似ているのか」を考える》

いかがでしょうか？

まずは、自分の感性（好き嫌い）にしたがって自由に音を並べる。次に、モードや拍子のルールに沿って、音符の配置や長さを整える。必要に応じて、移調などの少し高度な技術にも挑戦してみる……。

五線譜を前に、こうしてさまざまに手を動かしていくことで、頭の中に隠れていた音たちが、目の前で形を結びはじめる心地よさを味わいはじめているころではないかと思います。

音符をたくさん書けば書くほど、少しずつ、でも確実に「頭で考えていること」と「手で弾いてみた実際の音」との隔

たりが少なくなっていくはずです。そうなると、はじめは遠慮がちに表現していたのが少しずつリラックスしてきて、伸び伸びと五線譜と向き合いはじめている自分に気づくと思います。

そんな自分を、ぜひ楽しんでほしいのです。作曲には、「運動と筋肉の関係」に似ているところがあって、書けば書くほど表現する力がついていきます。そして、アウトプットするスピードも上がってきます。反復をすることで、どんどん慣れていってください。

"運動"が長続きするコツは、「これは陳腐だ」とか「かっこ悪い」「聴いたことがない」などといった価値判断を自分で下さずに、好きなように書き続けることです。

そして、書き上がる短いメロディたちが「これまでに聴いてきた曲にどこか似ているかどうか？」と考えをめぐらせるのも面白いものですよ。もし似ているところが見つかったら、こんどは「なぜ似ているのか？」を考えてみましょう。

同じ旋法を使っているから？

あるいは、音の並び方が偶然、似ていたから？

どんな要因で「似ている」作品になったのかを分析することも、曲作りを支える大きな力になっていきます。さまざまな和音やモードを見てきたみなさんには、すでにその分析力のベースは備わってきていますから、ぜひチャレンジしてみてください。

4-2 和音とコードに強くなる —— 「かけ算」に習熟せよ

《メロディに和音をつける》

次はいよいよ、前節で書き上げたメロディに和音をつけて

いきます。

　ピアノでいうところの右手部分が書けたので、こんどは左手部分を書いてみるというわけです。「伴奏をつける」と表現することもできます。

　まずは、第2楽章で紹介した和音の構成について、あらためて確認してください。そして、前節で書いたメロディラインを右手で弾きながら、「どういう和音がぴったりくるか」を探っていきましょう。

　はじめに、3和音を同時にじゃーんと鳴らしてみます。その和音の響きが自分にとっていいな、と思えるものであれば、次に3音をバラバラにして弾いていきます。

　こうやって文章で読むとたいへんそうですが、じつはそんなに難しい作業ではないはずです。なぜなら、みなさん自身が「素敵な響きだ」と感じる感性を大切にすればよいだけだからです。

　先ほど音符を並べたときと同じで、自分はどんな和音が好きなのか、あるいは嫌いなのか、みなさん自身の"感覚"を研ぎ澄ましながら、感じるままに音を鳴らして、好みの組み合わせ＝「かけ算」を選んでいけばいいのです。

　さあ、どの「かけ算」があなたのメロディラインをより良く響かせてくれますか？　もしもどこかで聴いたことがあるような気がしても、少しひねりを入れるだけで個性のある和音になりえます。118ページで触れた「和音の転回」などにもチャレンジしながら、ぜひ、あなただけの和音＝伴奏をつけてみてください。

《映画音楽の作法》

 料理の味を言葉で表現するのと同じくらい難しいことの一つが、個人的な作曲方法について語ることかもしれません。

 本書でも強調してきたように、作曲をするにはルールを知る必要がありますが、じつはそれ以上に求められるものがあります。矛盾するようですが、熟知したルールに縛られることなく、新たな創造をしていくことです。

 そうでなければ、あまたいる音楽の諸先輩たちがすでに書いたものをなぞることになり、あなた独自の創造(クリエーション)から遠く離れて、誰かがすでに確立したパターンのコピーになってしまいます。

 意外に思われるかもしれませんが、じつは、映画音楽を専門とする作曲家には、このタイプが多いという傾向があります。つまり、「すでに確立したパターン」に基づいて曲作りをするわけですが、これは皮肉ではなく、そのようなシステムを逆手に取って活用したプロの仕事です。

 映画音楽の最大の使命は、あくまでも映像を盛り上げることにあります。映画制作側からの細かい「注文」に忠実な作曲をしないと、映像とちぐはぐになりかねません。

 たとえば、「恐怖心を煽る音楽」や「情熱が伝わる音楽」など、"お約束"的なパターンがいくつも存在していて、そのルール(レシピといってもいいかもしれません)を用いて曲を作り、そこに作曲家ごとのカラーを乗せて「納品」します。

 映画を観た観衆は、「ああ、ジョン・ウィリアムズっぽいメロディだね」とか「ハンス・ジマーの音だ」と認識します。

《フランソワ・デュボワの作曲法》

では、私は何を軸にして作曲をしているのか？ 新たな創造のために、どんな試みをしているのか？

つねに考えているのは、自分の頭脳で思いつくかぎりのボーダーラインを超えたところまで行って、自分自身を驚かせてやろう、ということです。チャレンジですね。

自分のボーダーラインとは、音楽学校生時代に教則本を消化したあと、プロとしての作曲のルールや制約として、自分の中で作ったものです。「これをやったら汚らしい音・陳腐な音に成り下がるな」という最低ラインのところから、「これ以上は自分の力量じゃない」という天井のところまで、限界はあらゆるところに潜んでいます。

さらに、自分の好みや感性が反映され、総じて「これは有効だ、素敵だ」と思う楽曲しか書かなくなるのが、人間というものです。そこにもまた、自ら設けてしまった限界＝ボーダーラインがあります。

でも、それらを乗り越えたところに、とてつもなく素敵な音の世界が展開しているんじゃないか、未知なる世界が待ち受けているんじゃないか、という期待感をいつも忘れないようにしています。私は、つねにそういうものを求めて、曲を書いています。

本書の読者のみなさんは、初めて作曲に挑戦してみようと考えている初心者の方も多いと想像しています。いま私が語ったような方向性で曲を作ることを、はじめからやってみようとはいいません。

でも、先ほど教会旋法から話を始めたように、普通の教則本とは趣の違った、少々変わった「はじめの一歩」から歩み

出してみるのもいいんじゃないかという気持ちで、これから私なりの作曲方法の一つを解説してみることにします。

《「耳慣れない響き」を生み出す》

　作曲家としての私の人生は、時期ごとにいくつかのスタイルに分かれています。

　わかりやすくいえば、そのときどきに違った「マイブーム」があるんですね。数ある「マイブーム」の中に、4音のベーシックな和音を使いつつ、聴く者の耳を驚かせる実験的な作曲をしていた時期がありました。

「耳が驚く」とは、どういうことでしょうか？

　耳慣れない響きにもっていく、ということです。

　一般的にいえば、現代のポップミュージックやロック、歌謡曲やテクノなどでは、「王道コード進行」などとよばれる、非常にベーシックなコード進行を使い回すことが多くなっています。その理由は、そのような曲を聴く多くの人が、「待ってました！」「これがいちばん落ち着く」と感じてくれる、いわば最も期待に応えやすいコード進行だからです。

　私が提案している楽曲には、「おや？」という音展開がたくさん出てきます。個性的な音によって、かえって目立ちます。そこに、新たな創造性を感じているのです。

（とはいえ、「王道コード進行」も特に初心者向けには使い勝手が良くてわかりやすいので、のちほどきちんと説明します。ご安心ください）

《マイナーかメジャーか、それが重要だ》

　さて、ここで私が紹介する作曲ルールは、アルバム『Entre

Deux Mondes』のタイトル曲「Entre Deux Mondes」と、アルバム『TBMT』に収められている「Aurore」という曲でも使っています。

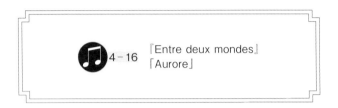

『Entre deux mondes』
「Aurore」

 とてもかんたんなルールで、メロディの音によって、4和音の組み合わせを決めていきます。
 まずは、どんなメロディでもかまわないので、五線譜に書いてみてください。長調でも短調でも、先ほどの教会旋法でも OK です。
 次に、メロディ中にある一つの音を拾い出してみます。もしそれが「ド」であれば、2種類の選択肢が登場します。「7マイナー（7mと書きます）」か、あるいは「7メジャー（7Mと書きます）」です。マイナーは短調、メジャーは長調のことでした。
 では「7」は？　第2楽章で登場した和音の「7度音」のことを指しています。つまり、「7マイナー（7m）」とは、「根音から7度音までをカバーした和音を、マイナー調で弾く」という意味です。一方、「7メジャー（7M）」は、「根音から7度音までをカバーした和音を、メジャー調で弾く」ということを意味します。

《和音の選び方 ── マイナーとメジャーでどう違うか》

「7マイナー（7m）」を選んだ場合、私は6通りの和音を提案しています。

「7メジャー（7M）」を選んだ場合には、5通りの和音を提案しています。

7マイナー (7m)

「7m」の6通りの和音を、左の図を見ながら手元のピアノで
ぜひ、弾いてみてください。
（図の上から時計回りに）
「ド・ミ♭・ソ・シ♭」
「ラ・ド・ミ・ソ」
「ファ・ラ♭・ド・ミ♭」
「レ・ファ・ラ・ド」
「シ♭・レ・ファ・ラ♭」
「ソ・シ♭・レ・ファ」

「ド・ミ♭・ソ・シ♭」を例に取りましょう。
　ドとミ♭のあいだの開きはマイナー、あるいは全音＋半音＝1.5全音です。
　ミ♭とソの開きはメジャー、あるいは2全音です。
　ソとシ♭の開きはマイナー、あるいは1.5全音です。
　この「マイナー・メジャー・マイナー」あるいは「1.5全音・2全音・1.5全音」の開き具合は、私が提案しているどのマイナー和音にも共通しています。

《耳は意外性を楽しむ》

「7M」の5通りの和音も、同じく次ページの図を見ながら手元のピアノで弾いてみましょう。

7メジャー（7M）

（図の上から時計回りに）

「ラ♭・ド・ミ♭・ソ」

「ファ・ラ・ド・ミ」

「レ♭・ファ・ラ♭・ド」

「シ♭・レ・ファ・ラ」

「ソ♭・シ♭・レ♭・ファ」

「ラ♭・ド・ミ♭・ソ」の例で見ていきますと、ラ♭とドの開きはメジャー、あるいは2全音。ドとミ♭の開きはマイナー、あるいは1.5全音。ミ♭とソの開きはメジャー、あるいは2全音になっています。

この「メジャー・マイナー・メジャー」あるいは「2全音・1.5全音・2全音」の開き具合は、どのメジャー和音にも共通しています。

これらの基本形さえ押さえておけば、左手の音が自然と決まってくる、というシステムです。メロディの音がドからレに上がれば、同じく左手の和音も同じ開きの分だけ、すっと上にスライドするわけです。

例）「ド・ミ♭・ソ・シ♭」→「レ・ファ・ラ・ド」

ずらし方を確認するには、五線譜に書き出してからピアノで弾いてもいいし、いきなり鍵盤上で確認しながら「これだな」と耳で確認してもかまいません。慣れたら、左手が和音を押さえるスピードも上がってきます。

また、和音を弾く際には、強拍（4分の4拍子の場合は1拍目と3拍目）で弾く必要はありません。メロディのこのあ

たりで入れるのがいいな、と思うところで自由に入れていきます。ずらして弾くことで、"お約束"から抜け出せるわけです。

　どんな和音を選んでも、耳は意外と「不協和音っぽい……」とショックを受けたりせず、むしろ音の意外性を楽しむものです。そのプロセスも、ぜひ一緒に楽しんでみてください。

《弾き方いろいろ ── 和音の楽しみ方》

　次に、和音の弾き方のバリエーションについて見ていきましょう。

　和音の「音構成」が決まったら、4音全部をじゃーんと弾くのが基本形です。

7mの和音を例に和音の弾き方バリエーション

　例1のように、根音と3度音／5度音と7度音の組み合わせで、交互に弾くのも面白く、ちょっとエリック・サティ風に聞こえますよ。

　例2のように、根音と5度音／3度音と7度音の組み合わせで交互に弾くと、同じ音構成なのに雰囲気ががらりと変化して聞こえます。

　例3のように、根音と3度音を順番に弾いた後、5度音と

7度音を一緒に弾くこともできます。

例4のように、和音の全構成音をバラバラにして下から順に弾いていったり、これとは逆に、例5のように、和音の全構成音をバラバラにして上から順に弾いていったりすることも可能です。

このように、同じ和音でも何通りにも弾き分けることができるのです。いろいろ試してみて、自分なりの「かけ算」の好みを発見しましょう。

《王道コード進行とは?》

先ほど、「王道コード進行」というものが存在することをお話ししました。

具体的な王道コード進行とはどのようなものなのか? まずは、耳から入ってみましょう。

	「蛍の光」
Elton John	「Can You Feel The Love Tonight」(from The Lion King)
Lady Gaga	「Paparazzi」
Lady Gaga	「Poker Face」
Green Day	「When I Come Around」
Green Day	「Boulevard of Broken Dreams」
U2	「With Or Without You」
The Beatles	「Let It Be」
Men at Work	「Down Under」
Spice Girls	「2 Become 1」
a-ha	「Take On Me」

Bob Marley	「No Woman No Cry」
Red Hot Chili Peppers	「Otherside」
Steve Winwood	「Higher Love」
The Smashing Pumpkins	「Bullet with Butterfly Wings」
Eagle-Eye Cherry	「Save Tonight」
The Offspring	「Self Esteem」
The Offspring	「You're Gonna Go Far, Kid」
Eminem featuring Rihanna	「Love the Way You Lie」
Bon Jovi	「It's My Life」
Toto	「Africa」
Aqua	「Barbie Girl」
Andrea Bocelli and Sarah Brightman	「Time To Say Goodbye」
Dan Balan	「NUMA NUMA 2」

　いかがでしょうか？　上記の各曲の共通点を挙げられますか？

　試しにいくつか聴いてみてください。数曲聴いていくうちに「あ！」と答えがわかるはずです。

　そうです。すべて同じコード進行、あるいは、順番は入れ変えてあっても同じコードを使っている曲たち、なのです。

　これが、いわゆる「王道コード進行」とよばれるものの一例です。同じコードを使って、これだけたくさんの曲を出せる（実際にはもっとたくさんあります）というのは、大したものですね。

　ちなみに、ここに掲げた例として、クラシック曲がずいぶん少ないことに気づかれた人もいらっしゃるかもしれません。

このような「王道コード進行」の響きは、モダンな好み（時代性）に影響を受ける傾向にあるため、どうしても現代のポップス的な楽曲に集中して現れることになるのです。

《「転回」の活用》
具体的な音並びは、次図のようになっています。

この楽譜はハ長調で書かれており、移調すればそれに合わせて音の高さが変わりますが、響き方はまったく同じです。コード記号で書くと、「I-V-vi-IV」となります。「vi」だけが小文字なのは、この和音だけマイナーだからです。アルファベットで書き直すと、「C-G-Am-F」となります。

じつは、このローマ数字の並びは、すでに登場していました。116ページに掲載した図をあらためて掲げます。

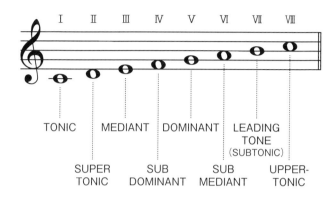

　上図にも、同じローマ数字が出ています。これがコードの名称です。

　すなわち、「I-V-vi-IV」の「I」はトニック、「V」はドミナント、「vi」はサブメディアント、「IV」はサブドミナントをそれぞれ指しており、同時に、根音が何の音になるかを示しています。

　ところが、先のコードの図をよく見ると、根音とローマ数字が合っていないように見えます。じつは、「転回形」で弾いているからです。

　たとえば、I = トニックはドなので、ド・ミ・ソの和音でそのままですね。次の、V = ドミナントは、本当はソから始まってシ・レとなるはずなのに、実際はシ・レ・ソになっています。つまり、ソ・シ・レを転回してシ・レ・ソに組み直しているのです。他の和音も、すべて同じ理屈です。

王道コードの転回形の説明

どうして、わざわざ転回して弾くのでしょうか？

答えはシンプルで、こちらのほうが響きが断然、良いからです。

《王道コードの変遷》

時代ごとに好まれる王道コードというのがあります。

たとえば、1950〜60年代のアメリカでは、「I-vi-IV-V」というコードの曲が流行っていました。「Stand By Me」「Lollipop」「Please Mr. Postman」などがすべてそうですし、その流れを受けて、今でも懐かしい雰囲気を醸し出したいときなどに使われています。たとえば「All I Want for Christmas Is You」などがその例です。

実際に聴いてみると、「ああ、50〜60年代っぽい」と感じとれます。「ドゥワップ」とよばれる曲調もこのコードです。

音符を示しておきましょう。

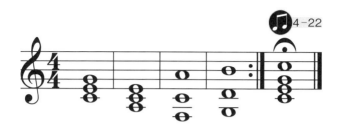

　他にも、とてもポピュラーで誰もが耳慣れしているコード進行に、フランス語で「アナトール」とよばれるものがあります。英語では「リズムチェンジ」とよんでいる、ジャズでも多用されている「I-vi-ii-V」のコードです。

　ジョージ・ガーシュインの「I Got Rhythm」や、フランスの国民的歌手、シャルル・トレネーの「Boum」などが、まさにこのコードです。

《日本で人気の王道コード》

もちろん、日本でひんぱんに使われているコード進行もあります。それが、日本独自の王道コードである「Ⅳ - Ⅴ - ⅲ - Ⅵ」です。

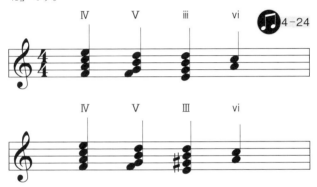

具体的な曲でいうと、「君の瞳に恋してる」「オリビアを聴きながら」「いとしのエリー」「LOVEマシーン」「瞳をとじて」「シーズン・イン・ザ・サン」「世界でいちばん熱い夏」「さくら」「ロビンソン」「大迷惑」「夢で逢えたら」などが、このコードを使用しています。

ちなみに、クラシックの人かジャズの人か、あるいはギタリストかによって、さまざまな書き方が存在しますが、どの書き方を採用するかは、コードの好みや慣れの問題にすぎません。

《歌の構造 ── サビの立ち位置でわかること》

さて、実際に曲らしいものに仕上げていくには、どうすればいいのでしょうか？ 長さや構造など、どんな種類のもの

があるのでしょうか？

　ここでは、「歌」を一曲書いてみることを想定して、解説していきたいと思います。歌は誰でも歌ったことがありますし、わかりやすい構造をもつという特徴もあり、例として最適だからです。

　ちなみに、名指揮者、バーンスタインも音楽の解説をするときは、誰もが知っているポップスやロックの曲をひんぱんに例に出して、とてもわかりやすくかみ砕いて話をする名人でした。

　歌にはまず、「サビ」とよばれる部分があります。

　サビとは、その曲のいわばクライマックスで、歌を聴いているみんなが「早く聴きたい！」と期待している部分といってもいいでしょう。聴いていてふと耳がもっていかれるサビは、印象的なメロディや音作りができる、作曲家の「腕の見せどころ」でもあります。通常は、同じ音と歌詞を繰り返すことで、聴く側に強く印象づけるパートとなっています。

　歌にはさらに、「Ａメロディ」や「Ｂメロディ」とよばれる部分があります。サビとサビのあいだをつなぐ言葉やメロディが登場し、歌の中の「物語が進んでいく部分」を担っています。

　最も基本的な「歌の構造」は、おおよそ次のような形をしています。

　　サビ｜メロディ｜サビ｜メロディ｜サビ｜終結部

　このような構造をした代表的な例として、次のような曲が挙げられます。

Chic	「Le Freak」
Gibson Brothers	「Cuba」
Diana Ross	「Upside Down」

　もちろん、必ずしもサビから始める必要はありません。メロディから始める構造もありますし、サビやメロディの数も自由に変えることができます。

　先ほどとは逆転した、

　　　メロディ｜サビ｜メロディ｜サビ｜サビ｜終結部

の例も見てみましょう。

Barry Manilow	「Copacabana」
Grover Washington Jr.	「Just the Two of Us」

　一般的には、曲を終える前にサビをもう一度出してくるケースが多そうです。そうすることで、聴いている側に「ああ、もう少しで歌が終わってしまう……」というメッセージを伝えることができ、終結に向けた一種のシグナルとして、聴き手の感情を盛り上げる役割を果たしてくれます。

《「Bohemian Rhapsody」の聴きどころとは?》

　サビが非常に長い、あるいは、逆にメロディがものすごく長い歌などもあります。構造そのもので歌の個性を出そう、という表現方法もありうるからです。

　メロディが非常に長い有名曲といえば、これではないでしょうか?

作曲の極意 | 第**4**楽章

Eagles	「Hotel California」

　さらには、サビとメロディの掛け合いそのものが存在しない歌もあります。
　まずは、意外なところから例を挙げてみましょう。あまり知られていない、隠れた名曲かもしれません。

The Beatles	「Tomorrow Never Knows」

　一方、お次は誰もが知っている、サビもメロディもまったく無視した名曲の代表作のようなものでしょう。2018年に大ヒットした映画のタイトルでもあります。

Queen	「Bohemian Rhapsody」

　タイトルにある「ラプソディ」とは、異なる曲調のものを自由奔放につなげた曲を指します。まさに、名は体を表すを地で行く名曲です。
　さらにもう一つ、サビとメロディの掛け合いが存在しない例を挙げておきましょう。

Eminem	「Rap God」

　何度も「Rap God...」と繰り返している部分は一瞬、サビのように聴こえますが、メロディ部分と比較して曲調が盛り上がったり切り替わったりしないため、厳密にはサビとはよ

べません。

　かなり個性的な曲もいくつか挙げてみましたが、基本的に歌にはある程度の形式があるので、作曲の"いろは"を身につけるには格好のサンプルになるでしょう。

《歌詞の果たす役割》

　作曲の練習台として歌が好適な理由には、構造に加えて「歌詞」の存在が挙げられます。

　歌詞の中で展開する物語が何を伝えたいのか？　この点を考えることで、曲の構造を考えやすくなるメリットがあるのです。一つのパターンとして多いのが、メロディ部分で物語上の「疑問」「悩み」「思い」「怒り」を表現して、サビで「答え」や「解決方法」などを示す、というものです。

　こちらも例を見ておきましょう。

Queen	「We Are the Champions」

　今でこそ、テンポの良い曲調が好まれる傾向にありますが、かつてはメロディ部分がやたらと長いものも数多く存在しました。フランス人である私にとって、最も馴染みのあるその例は、国歌「ラ・マルセイエーズ」です。時代の変遷とともにどんどん歌詞がつけ足され、現在は15番まで存在します。

　ちなみに、そのなかの歌詞の一つは、私と同姓同名のフランソワ・デュボワという詩人が書いたという説があります。

作曲の極意 | 第**4**楽章

4-3　作曲の「意図」を教えます
―― 書き下ろし新曲で徹底指南

《和音の鳴らし方も図示》

この本のために今回、新しく曲を書き下ろしてみました。「Song 1」〜「Song 3」の全3曲です。

初めて作曲に挑戦する人にとっても見本になりやすいよう、単純明快な構造で作ってあります。本書を締めくくる最終節は、この3曲をもとに話を進めていきましょう。

まず、読者のみなさんに耳馴染みが良いように、あえて日本の王道コードを使って作曲してみました。

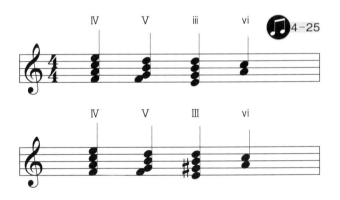

そして、今回使った構造は、3曲ともにこちらです。
サビ|メロディ|サビ|メロディ|サビ|メロディ……|サビ|
　　サビ|終結部

楽譜でいうと、Aの部分がサビ、BとCがメロディ部分、Dでもう一度サビに戻ります。

また、サビについては、いくつかのバリエーションを入れて書いてあります。詳細は楽譜を見ながら確認してみてください。なお、楽譜では、ボーカルあるいは主旋律にあたる部分を Voice 、伴奏にあたる部分を Piano と記してあります。
　基本的に、Piano の和音は、主旋律に合う音で構成されています。その際、和音でまとめて「じゃーん」と弾いてもいいし、一音ずつバラバラにして、主旋律の展開の仕方を見ながら弾いてもいいのです。
　私が今回書いた見本では、まとめて弾く和音と、1音ないし2音をばらして弾く方法の両方を採用してみました。これも好みの問題なので、実際にピアノで音を鳴らしたりしながら、自分好みの弾き方を見つけてください。

《サプライズ効果を生む小技》

　さて、具体的な曲の展開を見てみましょう。
　まず「Song 1」では、サビ部分Aの3小節目で、それまでとは違う「音構成」にしてあります。「ラ・ソ♯・ファ・ミ……」と下っていく箇所です。
　本来であれば、直前の小節までの「ルール」を踏襲して「ラ・ソ・ファ・ミ……」となるはずですが、それだとあまりにも直球すぎて面白みに欠けるので、「ソ♯」にして、意外性を入れてみたのです。実際にピアノで弾きながら比べてみると、違いがわかりやすいでしょう。
　Bからメロディに入り、さらにCでメロディが展開するのですが、左手がBとCとでまったく同じ和音構成になっているとやや退屈な印象が生まれるため、CのPianoの和音を1音増やしています。

この試みによって、ちょっとした厚みやサプライズ効果を生むことができます。「あれ？　進化したのかな？」という無意識レベルの印象を生み出すこともできます。

　Dの終結部近くにくると、7小節目のPianoに、ふたたびちょっとした変化をもたせました。Aでは、ト音記号の和音のいちばん上にあった「レ」の音が、Dの7小節目ではヘ音記号のほうに移っていちばん下に登場します。構成音は同じですが、位置を2オクターブずらすことで、「あれっ？」という新しい響きを創り出すことができます。

　Song1は、全体として暗く、重い雰囲気で、1960年代にフランス・ギャルがよく歌っていた曲の雰囲気が、まさにこういう感じでしょうか。

《展開を変える一音》

　次に、Song2を詳しく見ていきましょう。

　サビの部分は、Song1とまったく同じものを使っています。メロディを変えるだけで、がらりと違う雰囲気にすることができる見本として、ぜひ参考にしてみてください。

　全体的な流れを見てみると、Aでお馴染みのサビを聴かせ、Bでいったん雰囲気を変えて、Cでさらに新しい展開に、そして、Dでクライマックスに持ち込んで終結へ、という構成になっています。

　BとCは、ずっと上がりっぱなしの曲展開になっていて、特に、Bからは長調なので、シンプルな明るさのある曲調になりました。こういう曲調は、子ども向けの曲やクリスマスソングなどによく見受けられます。

　意外かもしれませんが、ロックでもよく使われています。

Song 1

François Du Bois

作曲の極意 | 第**4**楽章

Song 2

François Du Bois

作曲の極意 | 第**4**楽章

219

220

良い言い方をすれば、どこまでも続く明るさと軽さがありますが、悪い言い方をすればやや幼稚な曲調です。そこで「いい曲だ」と思われるように、作曲家のセンスがものをいうわけです。もちろん、「いつ」「どこで」流す曲なのかといった、状況にマッチしているかどうかも重要です。

　解説に戻りましょう。こんどはCで転調しています。Pianoのベースは基本はミとファの2音のみで構成されていますが、その上に書いてある和音の部分は、ずっと3和音だったのが、9小節目で4和音になっています。

　1音足すことで、さらに厚みを増す効果がある、というSong 1でも使った手法です。こうすることで、少しミステリアスな効果を出して、「Bとは違う展開ですよ」という雰囲気を醸し出すことを狙いました。

　そして、Cの展開でキラキラと輝かしい雰囲気を出しながら、最後のサビにもっていって終了します。

《作曲家の腕の見せどころ》

いよいよSong 3に移りましょう。

　Aのサビを通過したあと、Bで予定調和的な展開をすっぱり断ち切って、新たな展開を提案します。ここは、「シンプルなメロディ」と「繰り返しを使ったしつこい展開」というのが特徴です。

　繰り返しを活かすと、何かが迫ってきているような印象を与えることができます。映画音楽などでは、こういう手法をよく使いますね。

　引き続きCでも、効果音的なメロディが継続され、大きなインパクトを残します。また、5小節目から、Pianoのベー

Song 3

François Du Bois

作曲の極意 | 第4楽章

223

作曲の極意 | 第4楽章

225

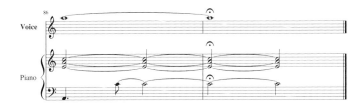

ス音が（ヘ音記号の部分）半音あるいは全音ずつ、どんどん下がっていきます。これも、映画の効果音でよく使う手法で、物語的な緊張感を生むことができます。さらに、同じくCの4〜5小節目で、Pianoのト音記号の和音を、ごっそり2全音と2半音（＝増4度）も下げることで、ことさら「何かあるのか!?」といった期待感を醸し出すことができます。

　こういった和音の下げ方には決まったルールはなく、判で押したように半音ずつ律儀に下げてもいいし、あるいは、全音ずつ下げてもいいのですが、ずっと同じ開き具合で下がっていくと、聴くほうは飽きてしまいます。あるいは、曲としてつまらない、と評価されることもあるでしょう。

　したがって、「このあたりで下げる度合いを変えたほうがいいかな？」というさじ加減は、作曲家のセンスや腕の見せどころといえるでしょう。

＊

　VoiceとPianoという例を使いながら、「どういうふうに音を足したり引いたりしていけばいいのか」というパターンをいくつか提案してみました。3曲すべて、長さはおよそ3分半から4分程度です。

　繰り返しの部分が出てくることで、曲はどんどん長くなっていきますので、あとはパズルのピースをどのように組み合わせるかを好みでイメージしながら、実際に書いてみるといいでしょう。

　ちなみに、Pianoはピアノが弾けない人のためにも、できるだけシンプルにしてあります。弾けるようになったら、少しずつ音をつけ足していってみてください。

おわりに

　読者のみなさん、お楽しみいただけましたでしょうか？本書はひとまず、ここでおしまいです。

　本書では、人類の歴史と同じくらい長く古い"音楽の物語"を、みなさんと一緒にかいつまんで追いかけてきました。

　数ある音楽のジャンルのなかでも、本書ではとりわけ「西洋音楽」を中心にお話ししてきましたが、すでにお気づきのように、音楽は何世紀にもわたる時間のなかで少しずつ"決まりごと"ができて、やがてそれが洗練され、さらに新しい形へと変貌してきました。

　音楽とは、つねに進化しつづける芸術の一つであり、作曲家はそのなかで表現する立場にいます。作曲をするには、積極的な心をもつことが何より大切です。臆せずに規則から自由になり、新しい地平を探求しにいく冒険心を胸に抱きつづけ、ときには誰にも評価されないリスクをも恐れない勇気が必要です。

　実際、他人の評価なんて、それほど重要ではありません。曲作りを通してそのような不安から解放されて、大胆になりましょう。

　私が師事した作曲の先生は、創造の本能をせき止めて、余計なフラストレーションをためることのないように指導することに長けた人たちばかりで、いつも異口同音にこのような言葉をかけてくれました。

「どうして、君はこういうふうに書こうと思ったんだい？」

　思い起こせば、決して「君の書いたことは間違ってい

る！」などとは、いわれたことがありませんでした。

　この「どうしてだい？」という一言のおかげで、私は自分の書いたものについてあらためて自問自答し、さらに腕を磨くチャンスに恵まれてきました。しかも、私の初発的なインスピレーションをしぼませることなく、より良い表現の次元に引き上げてくれる、そういう素晴らしい指導にいつも恵まれてきました。彼らには、心から尊敬と感謝の念を表したいと思います。

　本書の締めくくりにふさわしい、アラン・ヴェベールとのやり取りを思い出します。彼はパリ国立高等音楽院の研究学長で、ローマ大賞を受賞したこともある作曲家です。私の作曲の師匠でもあった縁で、当時、書き上げたばかりのマリンバのための教則本『4本マレットのマリンバ』全3巻の監修をお願いしました。

　この教則本には生徒のための練習曲も収められているのですが、生徒の腕を上げることを念頭に置いて書いたため、作曲のスタイルとしてはきわめて制約の多いものでした。この点に関して先生から批判を受けて、ショックで立ち直れなくなったらどうしよう……と、最悪の事態も想定していました。

　そこで、おずおずと「あの……、先生……、教則本に出てくる練習曲はこれで大丈夫でしょうか？」と訊ねてみると、「これについては、私は口をはさむような立場にはないよ。君がこういうふうにしたほうがいい、と感じて書いたものなのだから。それよりも、この和音記号（コードネーム）はジャズ式のものが書いてあるけど、君はせっかくクラシック畑から来ているんだから、クラシック式のものも書き添

| おわりに |

えてみようじゃないか。一緒に今、やってしまおう、ほら！」と、ピアノの上に原稿を広げながら笑顔でペンを手にされたのです。先生の笑顔につられて、私も思わず安堵の笑みが浮かびました。

　師とのあいだにこんな素敵なやり取りがあった話を頭の片隅に置いていただいたあとで、私からみなさんへの最後のメッセージです。

　どうか、音楽に対してあなた自身でいつづけてください。才能のあるなしは、まったく関係ありません。五線譜に音符を生み落とす勇気をもちつづけながら、ピアノや、あるいは、あなたが好きな楽器の上で指があっちへ行ったりこっちへ来たりする楽しみを存分に味わってください。音楽の本質は、まさにそこに凝縮されているのですから。

　　　　来日21年目の晩夏に、愛すべき日本のみなさんへ
　　　　　　　　　　　　　　　フランソワ・デュボワ

監修者解説

　街にあふれる音楽——たとえば、駅のホームで流れる鉄道の発車メロディー、これもまた、音楽だといえるだろう。街の喧騒のなか、人々の多くはイヤフォンとスマートフォンで音楽を持ち運ぶ。

　現代においては、ありとあらゆるメディアを通して、好むと好まざるとにかかわらず、さまざまなジャンルの音楽が耳に入ってくる。

　しかし、ふと立ち止まって、あらためて「音楽とはいったいなんだろう？」と考えてみたことはあるだろうか。本書は、そんな些細な疑問をもった人が手に取り、音楽の歴史をたどるのに良い一歩となるだろう。

　「音楽は科学である」——これを言い換えれば、「音楽は自然である」とも解釈できるかもしれない。科学や数学はすべて、自然の摂理に従っているものであり、それを理解する手立てとして発展してきた人類の知である。

　音楽も同様に、有史以前からの人類の発展とともにあった。自然界に存在する、たとえば美しい鳥たちの鳴き声や野生動物の荒々しい叫び声といったものも、人が歌い楽器を鳴らすという行為につながっていったのかもしれない。

　体系的な音楽理論もまた、音楽を理解する手段として確立されてきたという経緯がある。実際のところ、バッハやベートーヴェン、その後につづく現代までの作曲家の系譜の中でさまざまな美学が磨かれ、より複雑になってきたともいえる。それは自然科学の論理的理解とも連動するもので、

|監修者解説|

　たとえばハンガリーの作曲家・バルトークなどは、メロディも和声も、そして全体の小節数も黄金比のバランスで曲を構成するというきわめて高度なテクニックで作曲した。

　また、旧ソ連の作曲家・ショスタコーヴィチのように楽譜の音符のなかにアルファベットを隠し、いわば暗号のようなメッセージを残した作曲家もいる。ジャズやポップスのメロディにも、ショスタコーヴィチのような言葉遊びが隠されているものがあるかもしれない。

　しかしながら音楽の専門教育を受けていない人にとっては、複雑な和声学や対位法などの理論は、いささかハードルの高いものに感じられるだろう。

　本書では、そのような難しい理論や分析をいったん横に置いたうえで音楽の歴史をたどり、つづいてまずは五線紙や、音符そのものと触れあってみようとよびかける。

　著者のフランソワ・デュボワは、クラシックの経験豊かな音楽家ではあるが、その枠にとどまらず東洋哲学の習得と実践という西洋のアイデンティティとは異なる視点をもつユニークな人物でもある。

　彼は、私の師でもあったルーマニア出身の大指揮者、セルジュ・チェリビダッケにも私淑して影響を受けたのだという。チェリビダッケは若いときから禅宗の修行に励み、幾度かの来日時にも毎回、三島の禅寺を訪れて導師との会話を楽しんでいた。また、インド仏教やヒンドゥー教にも精通していて、サンスクリット語を完璧に理解しており、その意味でもデュボワに大きな影響を与えたのだと思う。

　デュボワ自身の作品も、西洋の体系的理論上というより、ガムランや仏教の声明などの要素も取り入れ、より人の呼

吸と魂の深層、心象を表すことを心がけているようだ。

　作曲をするという行為は一見、難しいことだと思われがちだが、それは絵を描いたり、詩を作ったりするのと同様、まずは心に浮かんだものを書きとめることからスタートするのであり、そのために最低限のペンの持ち方を覚えようというのが本書の主旨である。

　音楽は、リスナーとして受容することはもちろん自然な行為だし、心も豊かになる。しかし、もう一歩踏み出して、自分の心に響く音を書きとめてみることを一度覚えたら、よりいっそう人生が豊かになるのではないだろうか。

　本書は、その第一歩を後押ししてくれる格好の一冊である。

2019年8月吉日
井上喜惟

さくいん

【人名】

ヴァン・ヘイレン　175
ウィリアムズ, ジョン　174
ヴェベール, アラン　11
エヴァンス, ビル
　　　　　　90, 119, 203
ガーシュイン, ジョージ　203
カール大帝　27
ギャル, フランス　211
グイード・ダレッツォ　31
クセナキス, ヤニス　79
グーテンベルク　35
グラス, フィリップ　173
弘法大師(空海)　31
コナード, ニコラス　23
ゴヨンヌ, ダニエル　149
サイモン&ガーファンクル
　　　　　　　　　172
ザ・キンクス　175
ジェファーソン・エアプレイン
　　　　　　　　　173
慈覚大師(円仁)　31
シベリウス　172, 174
シュッツ, ハインリヒ　174
ショパン　89, 139, 174
スカルラッティ　13
ストラヴィンスキー　90
ダーウィン, チャールズ　22
ダニエル=ルシュール,
　　ジャン・イヴ　11
デイビス, マイルス
　　　　　　　172, 173

ディラン, ボブ　176
テオドラキス, ミキス　11
ドビュッシー　90, 95,
　　　　　　139, 172, 175
トレネー, シャルル　203
ハイドン　161
パガニーニ
　　　　　13, 89, 150, 155
バッハ, J・S　69, 85, 172
バティアシュヴィリ, リサ
　　　　　　　　　162
バリフ, クロード　11
バルトーク　90, 176
バーンスタイン　175
ビートルズ　91, 175
フォーレ　176
ブルックナー　173
ブレーズ, ピエール　79
プレスティ, イダ　153
プロコフィエフ　174
ベートーヴェン　139, 171
ベルリオーズ　155
ペロティヌス　82
マゼール, ロリン　12
松任谷由実　94
マリア, タニア　157
マリア, マルシア　157
ムソルグスキー　174
メイ, ブライアン　164
メシアン, オリヴィエ　11, 95
メルセンヌ, マラン　137
モーツァルト　139, 147
モンク, セロニアス　88

ラゴヤ, アレクサンドル　153
ラモー, ジャン=フィリップ
　　　　　　　　69, 86
リスト, フランツ
　　　　　13, 89, 149, 173
リムスキー=コルサコフ
　　　　　　　　　173
リュカ, ヴァンサン　156
ルキャン, ジャクリーヌ　11
ルルー, フランソワ　159
レオニヌス　82
レディー・ガガ　91
ワーグナー　90
R.E.M.　176
U2　91

【アルファベット・数字】

Aメロディ　205
Bメロディ　205
b.p.m.　47
CDEFGABC　60
16分音符　43
2拍子　50
2分音符　43
32分音符　43
32分休符　45
3拍子　52
3和音　117, 124
4拍子　53
4分音符　43
4分休符　45
4和音　117, 127
7M　190

7m	190			クラシック音楽	88
7度音	190	**【か行】**		クラシックギター	140, 153
7マイナー	190			クリエーション	15
7メジャー	190	楽譜	24	繰り返し	49
8分音符	43	楽譜の誕生	24	グルーヴ感	75
		（音楽の）かけ算	41, 78	グレゴリオ聖歌	82, 168
【あ行】		歌詞	208	黒符	35
		加線	41	ケルト音楽	91
明るい曲	71	下属音	116	減3和音	124
悪魔の音	88	下属和音	120, 121	減4度	112
アタック	158	下中音	116	減5度	102
アッパートニック	117	楽器	22	言語の起源	22
アナトール	203	楽器の個性	134	減七の和音	128
アフリカ音楽	15	楽器の進化	38	高音部記号	58
アフリカンリズム	14	楽曲の独自性	37	行進曲	50
アルト記号	66	合奏	68	国立音楽院	11
イオニア旋法	171, 178	カバー曲	38	五線	34
イ短調	73	幹音	99	五線譜	39
移調	73, 181	完全1度	100	コード進行	16
歌	205	完全4度	101	根音	118
歌の構造	205	完全5度	102	混合拍子	53
エオリア旋法	175	完全8度	103	コンセルヴァトワール	11
王道コード進行	189, 198	完全系	100		
音	95	カンツォーネ	91	**【さ行】**	
音が鳴っていない時間		完璧な音の響き	103		
	44	基音	137	サイクル	48
オーボエ	159	聴き手の嗜好	37	最古の楽器	24
オルガヌム	82	ギター	152	サビ	205
音階	116	記譜法	25	サブトニック	117
音楽記号	39	休符	44	サブドミナント	
音楽の起源	22	教会旋法	168, 169		117, 121, 201
音程	31, 57, 97	強拍	15, 50, 75	サブメディアント	117, 201
音符	35, 42, 46	協和音	87	三全音	87
音部記号	34, 58, 62	グイードの手	33	時間軸	40
音律	67, 68	暗い曲	71	次元	40
		クラヴィコード	147	七の和音	128

項目	ページ
シのモード	176
弱拍	15, 50, 75
ジャズ	53, 90
シャープ	70
終止線	48
縦線	48
主音	73, 94, 99, 116
主要七の和音	128
主和音	120, 121
上主音	116
小節	48
小節線	48
小バイオリン記号	65
声明	29
白符	35
シロフォン	136
真言声明	31
振動	95
スーパートニック	117
西洋音楽	15
聖ヨハネ賛歌	32
絶対的な音	58
全音	71
全音符	43
全休符	45
増2度	100
増3和音	124
増4度	102
増七の和音	128
創造	15
相対的な音の高さ	42, 58
相対的な音の長さ	42
奏法	38
属音	116
属七の和音	128
属和音	120, 121
ソのモード	174
ソプラノ記号	65
ソリスト	38
ソルフェージュ	11
ソルフェージュ階名	33

【た行】

項目	ページ
タイ	54
第3音	118
第5音	118
対位法	79, 83
(音の)高さ	68
(音楽の)足し算	41
多声音楽	35
(音楽の)縦軸	40, 78
縦軸の響き	84, 90
短2度	105
短3度	106
短3和音	124
短6度	107
短7度	108
短音階	72
短三長七の和音	128
短七の和音	128
単純拍子	53
短調	72, 94
中音	116
中音部記号	58
中心音	73, 99
中全音律	69
長2度	105
長3度	106, 112
長3和音	124
長6度	107
長7度	108
長音階	71
長七の和音	128
調性音楽	73, 94
長短系	100, 104
長調	72, 94
調律	68
調律技術	69
著作権	36
低音部記号	58
ディグリー	116
低バス記号	66
テノール記号	66
手拍子	24
天台声明	31
テンポ	47, 68
導音	116
導七の和音	128
ドゥワップ	202
ト音	59
ト音記号	58, 65
度数	97, 118
トニック	117, 121, 201
ドのモード	171, 178
ドミナント	117, 121, 201
トライトーン	87
ドリア旋法	172
ドレミファソラシ	31, 33
トレモロ	136

【な行】

項目	ページ
(音の)長さ	68
ナチュラル	70
ニ長調	72

日本独自の王道コード 204	符鉤 46	モノフォニー（声楽） 29, 81
ネウマ 26	不自然な楽器 150	
ネウマ譜 26	付点 56	**【や行】**
	符頭 46	
【は行】	武当山 16	（音楽の）横軸 40
	符尾 46	横軸の響き 84
バイオリン 138, 150	フラット 70	ヨナ抜き短音階 93
バイオリン記号 65	フリギア旋法 173	
倍音 137	ブルガリアン・ヴォイス 91	**【ら行】**
ハ音記号 58, 65	ブルターニュ音楽 91	
博士 29	フルート 156	ラのモード 175
バス記号 66	フルリ人の歌 24	ラプソディ 207
ハ長調 71	フレンチバイオリン記号 65	リズムチェンジ 203
ハ長調の固有3和音 117	平均律 68, 98, 113	リディア旋法 173
ハ長調の主要3和音 120	ヘ音記号 58, 66	リーディングトーン 117
ハ長調の副3和音 121	ベース音 119	リピート 49
撥弦楽器 39	ボーカリゼーション 22	ルート音 118
発声 22	墨譜 29	レのモード 172
発声法 22	ポリフォニー 35, 82	ロクリア旋法 176
ハニホヘトイロハ 60		ロック 53
ハーモニー 69, 79	**【ま行】**	
バリトン記号 66		**【わ行】**
半音 71	マイナースケール 72	
半減七の和音 129	マリンバ 12, 134	和音 16, 69, 80, 94, 117, 129
伴奏 83, 84	ミクソリディア旋法 174	和音の転回 118
反復記号 49	ミのモード 173	和声 69, 79, 80
ピアノ 144	耳が驚く 189	和声学 80
拍子 50, 75	民族音楽 91	和声法 79
開き 97	メジャースケール 72	ワルツ 52
ファのモード 173	メゾソプラノ記号 66	
フーガ 85	メディアント 117	
不協和音 87	メディタミュージック 17	
複合拍子 53	メロディ 16, 80, 83	
副七の和音 128	メロディライン 81	
複縦線 48	メロディラインの複数化 81	
	モード 168	

N.D.C.761.1　238p　18cm

ブルーバックス　B-2111

作曲の科学
美しい音楽を生み出す「理論」と「法則」

2019年 9 月20日　第 1 刷発行
2023年 4 月12日　第 9 刷発行

著者	フランソワ・デュボワ
監修者	井上喜惟
訳者	木村　彩
発行者	鈴木章一
発行所	株式会社講談社
	〒112-8001　東京都文京区音羽2-12-21
電話	出版　03-5395-3524
	販売　03-5395-4415
	業務　03-5395-3615
印刷所	(本文印刷) 株式会社新藤慶昌堂
	(カバー表紙印刷) 信毎書籍印刷株式会社
製本所	株式会社国宝社

定価はカバーに表示してあります。
©François Du Bois 2019, Printed in Japan
落丁本・乱丁本は購入書店名を明記のうえ、小社業務宛にお送りください。送料小社負担にてお取替えします。なお、この本についてのお問い合わせは、ブルーバックス宛にお願いいたします。
本書のコピー、スキャン、デジタル化等の無断複製は著作権法上での例外を除き、禁じられています。本書を代行業者等の第三者に依頼してスキャンやデジタル化することはたとえ個人や家庭内の利用でも著作権法違反です。
Ⓡ〈日本複製権センター委託出版物〉複写を希望される場合は、日本複製権センター（電話03-6809-1281）にご連絡ください。

ISBN978-4-06-517282-7

発刊のことば

科学をあなたのポケットに

二十世紀最大の特色は、それが科学時代であるということです。科学は日に日に進歩を続け、止まるところを知りません。ひと昔前の夢物語もどんどん現実化しており、今やわれわれの生活のすべてが、科学によってゆり動かされているといっても過言ではないでしょう。

そのような背景を考えれば、学者や学生はもちろん、産業人も、セールスマンも、ジャーナリストも、家庭の主婦も、みんなが科学を知らなければ、時代の流れに逆らうことになるでしょう。ブルーバックス発刊の意義と必然性はそこにあります。このシリーズは、読む人に科学的に物を考える習慣と、科学的に物を見る目を養っていただくことを最大の目標にしています。そのためには、単に原理や法則の解説に終始するのではなくて、政治や経済など、社会科学や人文科学にも関連させて、広い視野から問題を追究していきます。科学はむずかしいという先入観を改める表現と構成、それも類書にないブルーバックスの特色であると信じます。

一九六三年九月

野間省一